**Unser Energieverbrauch**
zum Verstehen und Mitreden

Christian Holler
Joachim Gaukel
Harald Lesch
Axel Kleidon

# Unser Energieverbrauch zum Verstehen und Mitreden

Christian Holler
Joachim Gaukel
Harald Lesch
Axel Kleidon

C.Bertelsmann

FSC
www.fsc.org
MIX
Papier | Fördert gute Waldnutzung
FSC® C106855

Penguin Random House Verlagsgruppe
FSC® N001967

1. Auflage

in der Penguin Random House Verlagsgruppe GmbH,
Neumarkter Straße 28, 81673 München
produktsicherheit@penguinrandomhouse.de
(Vorstehende Angaben sind zugleich Pflichtinformationen nach GPSR.)
Redaktion: Eckard Schuster, München
Umschlag, Gestaltung und Satz: Charlotte Kelschenbach, Hamburg,
auf der Grundlage des von einem Team erstellten typografischen Entwurfs
für das Buch *Erneuerbare Energien zum Verstehen und Mitreden*
Fotografien: © Adina Huber, Axel Kleidon
Druck und Bindung: Print Consult GmbH, München
Printed in Slovenia
ISBN 978-3-570-10617-4
www.cbertelsmann.de

Alles ist schwierig,
bevor es leicht wird.

Thomas Fuller,
englischer Arzt und Schriftsteller,
*Gnomologia* (1732)

# Inhalt

# Vorwort

Ein ganzes Land fragt sich: Was machen wir denn jetzt?
Singles und Familien in Privathaushalten genauso wie Unternehmen und Produzenten, Dienstleister und Behörden in ihren Büros und Fabriken. Womit betreiben wir in Zukunft PKW und LKW, Traktoren und Motorräder, Flugzeuge und Schiffe? Wie kommen wir zur Arbeit, zu weit entfernten Freunden und Verwandten, an unsere Urlaubsziele? Wie heizen wir unsere Räume und Zimmer, unsere Schulen und Kindergärten, Industriehallen und Schwimmbäder? Mit Wärmepumpe und Photovoltaik oder doch lieber nochmals mit einer neuen Gasheizung? Und das Auto hat auch schon etliche Jahre auf dem Buckel, ein neues muss her – also ein E-Auto oder doch wieder ein Verbrenner? Oder vielleicht ein Hybrid, als Kompromiss? Was machen wir also jetzt?

Viele Menschen sind von den öffentlichen Diskussionen irritiert. Unsere politischen Repräsentanten sollten über entsprechende gesetzliche Regelungen die Rahmenbedingungen schaffen, um das Land in eine erfolgreiche Energiezukunft zu führen. Aber ausgerechnet auf diesem Feld, das für unsere Zukunft und unsere individuellen Entscheidungen so enorm wichtig ist, verfolgt die Politik einen Schlingerkurs.
Nur allzu oft geht es zwei Schritte vor und wieder einen zurück. Auf der einen Seite werden fossile Rohstoffe durch Subventionen gefördert, andererseits aber auch die erneuerbaren Energien durch das Erneuerbare-Energien-Gesetz (EEG) von der Gesellschaft mitfinanziert. Zeitweise werden neue Technologien erst subventioniert, dann wieder nicht – Beispiel staatliche E-Auto-Förderung, die Ende 2023 auslief. Bei vielen Menschen bleibt als Botschaft hängen: Die einen sagen dieses, die anderen behaupten jenes. Alternativlose Elektrifizierung oder doch eher technologieoffene Übergangslösungen? Soll man noch warten, oder muss man sich doch bald entscheiden?

Wir wollen Ihnen keine E-Autos oder Gasthermen verkaufen, nur dieses Buch. Wir wollen Sie informieren. Wir sind Wissenschaftler. Unser tägliches Brot sind Zahlen, Daten, Fakten. Uns geht es darum, zu schreiben, was ist, welche Technik mit welcher Effizienz und welchen Energiequellen betrieben werden kann, welche Einsparmöglichkeiten sich in Privathaushalten ergeben können, wenn man sich für neue Technologien entscheidet, und welche signifikanten weltweiten Entwicklungen es im Energiebereich gibt. Wir versuchen, einen nüchternen Blick auf ein Thema zu werfen, das die deutsche Öffentlichkeit und Gesellschaft auf merkwürdige Weise aufregt.

Denn eigentlich sind Energie und vor allem auch Energietechnik gar kein politisches Thema, über das man sich ideologisch streiten sollte, sondern ein technisches. Wir wollen ohne ideologische Schranken und ohne uns Träumereien hinzugeben schlicht und einfach darstellen, welche Technologien für welche Zwecke zur Verfügung stehen, dabei alle relevanten Optionen untersuchen – und keine auslassen!

Und am Beispiel der Familie Müller, deren Energieverbrauch dem deutschen Durchschnitt entspricht, wollen wir aufzeigen, wie jenseits aller Emotionen eine Antwort aussehen kann auf die oben gestellte Frage: Was machen wir denn jetzt?

Wir wünschen uns, dass unser Buch Dampf aus dem Kessel der aufgeheizten öffentlichen und politischen Diskussionen nimmt, vielleicht auch den ein oder anderen Streit in Familien und Haushalten mildert, zur Klärung von Missverständnissen beiträgt. Wir wollen helfen, beim Thema Energie die richtigen Entscheidungen zur richtigen Zeit zu treffen. Und wir wollen zeigen, warum wir durchaus optimistisch in unsere Energiezukunft blicken sollten. Das ist gut nicht nur für die Umwelt und die Energiesicherheit, sondern auch für den familiären und gesellschaftlichen Frieden in unserem Land.

# Energiewelt im Umbruch

Der Begriff „Wende“ ist in aller Munde: Energiewende, Verkehrswende, Wärmewende. Aber warum braucht es eine Wende? Bisher hat doch alles prima funktioniert! Trotzdem ändert sich gerade einiges: Neue Technologien tauchen auf, viele davon deutlich effizienter als bisherige – und vor allem sauberer. Und auf unsere bisherigen Lieferanten, an die wir jedes Jahr hohe Summen für Öl, Gas und Kohle überweisen, ist oft nicht mehr richtig Verlass. Kriege und Konflikte führen dazu, dass wir uns neue Quellen suchen müssen, am besten bei uns zu Hause. Aber können wir unseren Heißhunger auf Energie in Zukunft wirklich auch ohne fossile Energien befriedigen?

01

# Wir befinden uns mitten in einer Energierevolution

Die erneuerbaren Energien hierzulande werden immer weiter ausgebaut. Trotzdem ist nicht klar, ob das ausreicht, um unseren zukünftigen Energiebedarf zu decken. Deshalb sollten wir unbedingt unseren Energieverbrauch genauer unter die Lupe nehmen. Und genau hier erwarten uns viele Überraschungen. Es gibt Vorschläge, sich gänzlich von der ineffizienten Verbrennung zu verabschieden, wie sie zum Beispiel in Kohlekraftwerken, Ölheizungen oder Verbrennungsmotoren von Autos stattfindet. Stattdessen könnten wir deutlich effizientere Technologien verwenden, die Strom, Wärme oder Bewegung auch ohne Verbrennung erzeugen. Man müsste dann für den gleichen Nutzen viel weniger Energie aufwenden, heißt es. Aber stimmt das auch? Und ist das genug, um unser Ziel einer möglichst unabhängigen und klimaneutralen Energieversorgung zu erreichen? Oder ist Verzicht unverzichtbar?

Übrigens, in den 1970er-Jahren hat sich das Bewusstsein herausgebildet, dass wir die Erde nicht nur bebauen, sondern auch bewahren sollten. Damals wurden vor allem das einfache Leben und der Verzicht gepriesen. Dieser Ansatz hat nicht wirklich geklappt, denn nur wenige mögen beim Verzichten mitmachen oder halten es für eine längere Zeit durch. Deshalb setzen wir heute vermehrt auf technische Lösungen, bei denen keine Abstriche am Lebensstandard gemacht werden müssen.

Beim Thema Energie ändert sich weltweit gerade einiges, und das in hohem Tempo. Glauben Sie nicht? Dann zählen wir mal ein paar Fakten auf, die sehr erstaunlich sind. Hat man noch vor fünf oder zehn Jahren gefragt, ob unsere Anstrengungen im kleinen Deutschland überhaupt Sinn ergeben, wenn das große China auf billige fossile Energien setzt, dann müssen wir heute zur Kenntnis nehmen, dass in China mehr Windturbinen und Photovoltaik(PV)-Anlagen zugebaut werden als in der gesamten restlichen Welt zusammen. Die Kosten sind so stark gefallen, dass die erneuerbaren Energien oftmals die günstigere Variante gegenüber fossilen Brennstoffen sind. Inzwischen gibt es einzelne Windturbinen mit über 200 Metern Rotorkreisdurchmesser, und womöglich wird das bald der neue Standard. Als Technologieführer hat sich China in diesem Bereich weltweit an die Spitze gesetzt und wird womöglich den Markt nicht nur bei der Photovoltaik, sondern auch bei Windturbinen, Batteriespeichern und E-Autos dominieren.

Nicht nur in China, sondern auch in Deutschland und Europa gibt es ambitionierte Ausbauziele für Windenergie, Photovoltaik und andere erneuerbare Energien. Um aber diese Ziele zu erreichen, bedarf es mehr als ein paar Handgriffe, denn das Ziel lautet: Klimaneutralität und eine geringere Abhängigkeit von (fossilen) Importen in Deutschland bis 2045 und in Europa bis 2050.

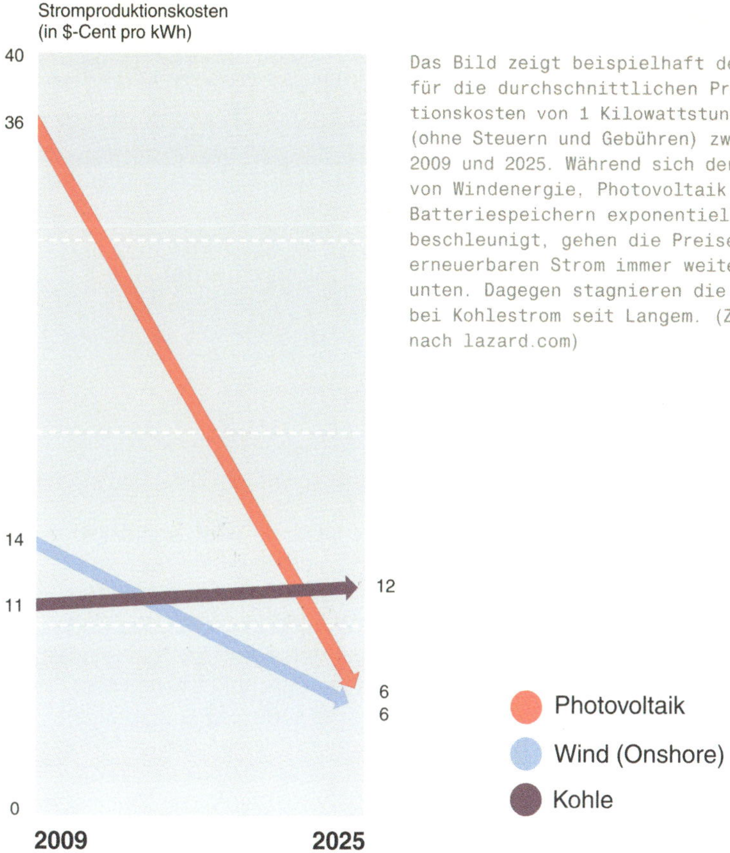


Das Bild zeigt beispielhaft den Trend für die durchschnittlichen Produktionskosten von 1 Kilowattstunde Strom (ohne Steuern und Gebühren) zwischen 2009 und 2025. Während sich der Ausbau von Windenergie, Photovoltaik und Batteriespeichern exponentiell beschleunigt, gehen die Preise für erneuerbaren Strom immer weiter nach unten. Dagegen stagnieren die Preise bei Kohlestrom seit Langem. (Zahlen nach lazard.com)

## Wie viel „Erneuerbare" hat Deutschland Mitte des Jahrhunderts?

In Deutschland ist es das Erneuerbare-Energien-Gesetz von 2023 (EEG 2023), das die Ausbauraten für die nächsten Jahrzehnte vorgibt, um dieses Ziel zu erreichen. Wenn wir uns diese Ausbauraten aber genauer ansehen, merken wir, dass sie oft nur von Experten zu verstehen sind. So heißt es darin zum Beispiel: 22 GW pro Jahr für Photovoltaik oder 15 GW pro Jahr für Windkraft.

Doch was bedeutet das konkret, und reicht das überhaupt? Wenn wir die Ausbauraten bis 2045 so durchhalten, können wir dann damit in Zukunft unseren gesamten Energiebedarf klimaneutral und unabhängig decken?

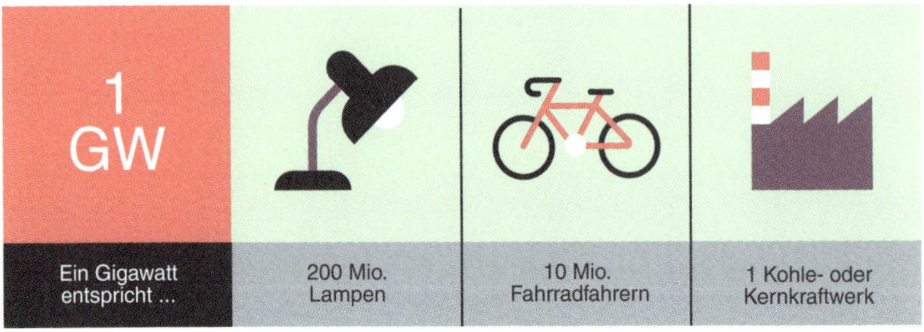


1 Gigawatt (GW) steht für 1 Milliarde Watt (W). Falls also zum Beispiel 200 Millionen Nachttischlampen mit einer Leistung von 5 W gleichzeitig eingeschaltet sind, dann benötigt man hierfür die Leistung von 1 GW, und zwar so lange, wie sie an sind. Falls Sie selbst kräftig in die Pedale steigen, können Sie auf einem Hometrainer mit Stromgenerator 100 W elektrische Leistung produzieren. Das heißt, man benötigt 10 Millionen solcher sportlichen Menschen, die so lange „kurbeln", wie die 200 Millionen Nachttischlampen brennen. Alternativ kann man auch ein typisches Kohle- oder Kernkraftwerk einsetzen.

GW ist die Abkürzung für Gigawatt, also 1 Milliarde Watt, und sie wird verwendet, um die installierten Leistungen zu beschreiben, also wie viel Gigawatt Strom die Wind- oder PV-Anlagen im Optimalfall liefern können, wenn die Sonne scheint und der Wind kräftig weht. Die Zahl zeigt also an, wie viel momentane Leistung diese Anlagen bei idealen Bedingungen erbringen können. Im Jahresdurchschnitt werden die Anlagen bei uns in Deutschland aber weniger liefern, weil eben nicht durchgängig optimale Bedingungen herrschen. Denken Sie an Photovoltaikanlagen in der Nacht oder an Windräder bei schwachem Wind.

Ein Kern- oder Kohlekraftwerk hingegen liefert rund ums Jahr 1 GW Leistung. Deshalb muss man ein paar Dinge darüber wissen, wie man von den installierten Leistungen auf die tatsächlich gelieferte Energiemenge schließen kann, wie stark also die Windräder und PV-Anlagen im Jahresverlauf ausgelastet sind. Wir haben diese Energiemengen einmal für die gesetzlich geplanten Ausbauraten der Erneuerbaren bis 2045 in Deutschland ausgerechnet und im Bild auf der rechten Seite dargestellt.

Heutzutage werden im Jahresdurchschnitt erst ca. 20 Prozent unseres gesamten Energieverbrauchs durch erneuerbare Energien gedeckt. Vielleicht ist diese Zahl für den einen oder die andere überraschend, hört man doch oft, wir hätten schon 60 Prozent erneuerbaren Anteil. Dabei müssen wir aber unterscheiden zwischen dem Stromverbrauch (hier sind wir aktuell bei ca. 60 Prozent) und dem gesamten deutschen Energieverbrauch, der außer dem Stromverbrauch auch die direkte Nutzung von Benzin, Diesel, Heizöl, Gas und Kohle umfasst. Und da sind wir insgesamt eben erst bei 20 Prozent erneuerbarem Anteil.

Das Ergebnis unserer Hochrechnung bis 2045 sieht man auch im Bild, und das ist sehr aufschlussreich: Den Energieverbrauch auf dem heutigen Niveau (Stand 2025) werden wir bis 2045 bei Weitem nicht allein mithilfe erneuerbarer Quellen decken können! Die Lücke ist beträchtlich, gerade mal 50 Prozent unseres heutigen Energiebedarfs werden dann über Erneuerbare gedeckt! Da die Ausbauraten aber auch so schon sehr ambitioniert sind, ist es fraglich, ob wir sie noch weiter erhöhen können. Aber was heißt das nun? Steht unser Wohlstand auf dem Spiel, die Unabhängigkeit oder die Klimaneutralität? Und was sollen wir tun?

Die Antwort ist eigentlich offensichtlich: Um in Zukunft ohne Importe von Kohle, Erdöl, Erdgas und ohne Kohlendioxid($CO_2$)-Ausstoß auszukommen und um nicht gleichzeitig gezwungen zu sein, auf vieles zu verzichten, müssen wir mit unserer Energie deutlich effizienter umgehen, sodass auch weniger ausreicht. Aber ist das realistisch?

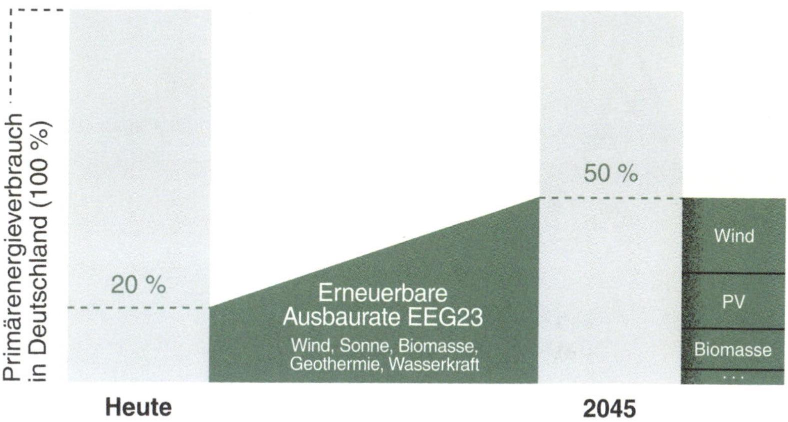


Die gesetzlich vorgegebenen Ausbauraten bis 2045 aus dem Erneuerbare-Energien-Gesetz 2023 reichen bei Weitem nicht, um unseren Energieverbrauch auf heutigem Niveau zu decken. Wie wollen wir bis dahin von fossilen Importen unabhängig werden?

Übrigens, Windkraftanlagen haben heute im Standard einen Rotorkreisdurchmesser von mindestens 150 Metern. Von verschiedenen Herstellern sind bereits Anlagen mit 260 Metern im Testbetrieb. Und angekündigt sind Anlagen mit sagenhaften 310 Metern Durchmesser. Der Ertrag eines Windrads wächst mit der überstrichenen Fläche, und die Windgeschwindigkeit nimmt mit der Höhe zu, deshalb sind große Anlagen so attraktiv.

## Technologiewechsel: Weg von der Verbrennung?

Gesellschaftliche und technische Entwicklungen liefen in der Vergangenheit selten gleichmäßig ab, sondern meist in Schüben, zum Beispiel beim Übergang von der Kutsche zum Auto oder von der Kerze zur Glühbirne oder kürzlich vom Festnetztelefon zum Smartphone. Diese drei Übergänge haben sich quasi flächendeckend innerhalb kurzer Zeit vollzogen. Und in so einem Schub befinden wir uns auch jetzt wieder.

Seit der Steinzeit nutzt der Mensch die Energie aus der Verbrennung: für Licht und Wärme in Haus und Hof und für die Zubereitung von Nahrung. Seit etwa 200 Jahren fährt die Eisenbahn, und seit gut 100 Jahren fahren wir Auto. Dabei haben wir enorme Fortschritte in der Effizienz erzielt. Wir nutzen einen immer größeren Anteil der in den fossilen Brennstoffen gespeicherten Energie, und immer weniger Energie verpufft ohne Nutzen. Wir können sogar mit Feuer fliegen, also mit der Verbrennung von Kerosin. Aber es gibt eben grundlegende physikalische Grenzen.

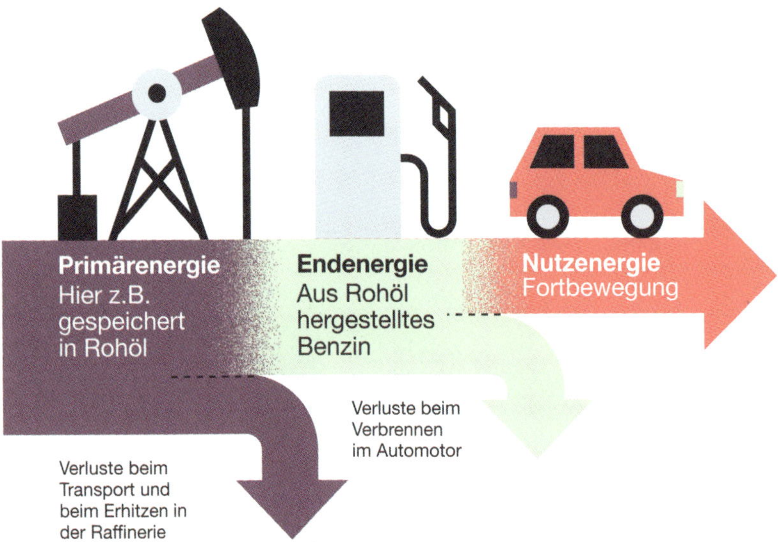


Die Unterscheidung zwischen Primär-, End- und Nutzenergie ist sehr wichtig, hier am Beispiel des Autofahrens. In jedem Schritt vom Rohöl (Primärenergie) bis zur Fortbewegung (Nutzenergie) geht ein Teil der Energie verloren, typischerweise ungenutzt in Form von Wärme. Nur ein kleiner Teil der Primärenergie wird wirklich in Bewegung umgewandelt.

In vielen Bereichen der Verbrennung sind wir nahe an der physikalischen Obergrenze der Effizienz angekommen, die man deshalb auch mit einer verbesserten Technik nicht mehr steigern kann. Zum Beispiel schafft ein Verbrennerauto im optimalen Betriebspunkt 40–50 Prozent Wirkungsgrad, im normalen Fahrbetrieb jedoch deutlich weniger. Mindestens 50 Prozent, eher aber 75 Prozent der Energie gehen physikalisch unausweichlich als Abwärme verloren. Auch in einem Kohlekraftwerk verpufft ein großer Teil der eingesetzten Energie im Kühlturm ungenutzt in die Umgebung.

Die Frage ist nun, ob es Alternativen zur Verbrennung gibt und ob diese sinnvoll einsetzbar sind und denselben Komfort bieten wie Verbrennungstechnologien. Auf diese Alternativen wollen wir in den folgenden Kapiteln ausführlich eingehen. Es wird sich zeigen, dass Technologien, die Strom nutzen, typischerweise viel effizienter sind als solche, die Verbrennung nutzen – vorausgesetzt, der Strom wird nicht selbst durch Verbrennung im Kraftwerk erzeugt.

Eine zentrale Frage für die Nutzung strombasierter Technologien ist daher: **Woher kommt der Strom in Zukunft?** Wenn dieser aus einem normalen Gas- oder Kohlekraftwerk stammt, dann haben wir dabei schon viel Effizienz eingebüßt, da diese Kraftwerke mit Verbrennung arbeiten. Aber wenn der Strom aus Erneuerbaren kommt, zum Beispiel aus Windturbinen, PV-Anlagen oder Wasserkraftwerken, dann sieht es anders aus. Die hohen Verluste, die wir in den fossilen Kraftwerken haben, fallen einfach weg, ohne dass wir Einbußen bei der Nutzung hätten. Andererseits gibt es neue Verluste, etwa bei der Energiespeicherung. Wie viel das alles ausmacht, werden wir in den nächsten Kapiteln sehen.

Neben den neuen Technologien gibt es aber noch einen zweiten Ansatz, mit weniger Energie auszukommen, nämlich durch Einsparung, möglichst ohne dabei Komfort einzubüßen. Zum Beispiel durch Dämmung in Neu- und Altbauten, die Nutzung von öffentlichen Verkehrsmitteln statt von privaten Autos, eine veränderte Ernährung und das Einsparen von Material in der Produktion. Aber wir müssen ehrlich sein: Schon seit vielen Jahrzehnten sprechen wir über den Effekt des Sparens. Doch nüchtern betrachtet wohnen wir auf immer mehr Fläche, die Autos werden größer und schwerer, und die gefahrenen Kilometer werden mehr. Das mit dem Sparen hat in der Vergangenheit trotz bester Absichten an vielen Stellen nicht wirklich geklappt.

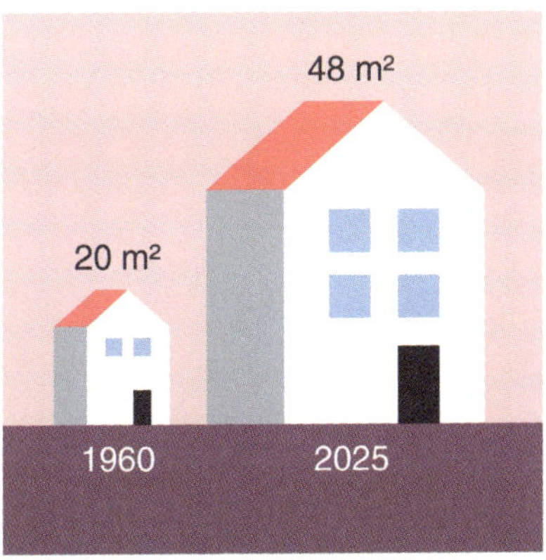


Seit vielen Jahrzehnten sprechen wir über das Energiesparen – mit mäßigem Erfolg. Denn mit dem Wohlstand wächst auch der Komfort. Ein Beispiel sind unsere Autos, die nicht nur immer mehr, sondern auch immer größer werden. Oder unsere Häuser: Haben wir im Durchschnitt pro Person im Jahr 1960 noch auf 20 $m^2$ gewohnt, so sind es heute schon 48 $m^2$.

# Wohin soll die Reise gehen?

Die zentralen Fragen in diesem Buch lauten also:

> **Können wir mit weniger Energie genauso gut heizen, Auto fahren, fliegen und Dinge produzieren, und können wir unseren Energieverbrauch ab 2045 wirklich vollständig durch erneuerbare Energien abdecken? Leben wir dann genauso gut wie heute oder gar besser, oder müssen wir auf Liebgewonnenes verzichten, etwa auf den Urlaubsflug oder auf ein stets warmes Haus im Winter? Oder müssen wir weiter die fossilen Energieträger Kohle, Öl und Gas importieren und nutzen? Ist vielleicht der Wiedereinstieg in die Kernkraft notwendig? Oder werden wir in Zukunft Strom und Wasserstoff im großen Stil aus dem Ausland importieren? Und was macht der Rest der Welt? Werden sich auch andere Länder transformieren, oder werden sie eher auf fossile Energieträger und auf die Verbrennung setzen?**

Kommen Sie also mit auf eine Reise durch unsere Energiewelt von morgen. Hoffentlich können wir diese für uns so wichtigen Fragen am Schluss des Buches befriedigend beantworten! Eines ist klar:
Wir werden einen großen Wandel durchlaufen, und dieser Wandel hat schon begonnen!

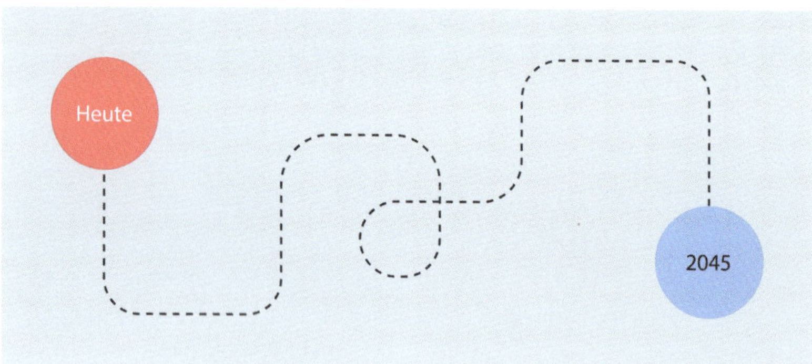

# Familie Müller

Energie ist kein einfaches Thema. Es hat viel mit großen Zahlen und physikalischen Einheiten zu tun, mit verschiedenen Energieformen, aber auch viel mit Emotionen und verschiedenen Meinungen. Allein die Worte „Wärmepumpe“ oder „E-Auto“ lassen bei einigen Menschen, zumindest in Deutschland, den Blutdruck steigen. Um eine sachliche Diskussion zu führen, hilft es, zu verstehen, wie viel Energie wir für welche Zwecke benötigen, wo die Energie heute herkommt und von wo wir sie in Zukunft beziehen können. Anhand der Familie Müller, deren Energieverbrauch ungefähr dem deutschen Durchschnitt entspricht, wollen wir durchspielen, welche Möglichkeiten wir haben und welche Maßnahmen wie viel bringen.

02

# Die Müllers heute

100,0

kWh pro Person und Tag

Die Müllers besitzen einen Diesel für längere Strecken und einen Benziner für die Stadt.

In vielen Bereichen ihres Lebens greift die Familie für ihren Energiebedarf auf fossile Brennstoffe zurück.

Die Familie macht alle 2 Jahre eine Fernreise mit dem Flugzeug.

Das Haus ist auf einem baulichen Stand von 1970, Fenster sind einfach verglast, das Dach ist nicht isoliert. Geheizt wird es mit einer Ölheizung.

Die Familie isst mehrmals pro Woche Fleisch. Über Herkunft oder ökologischen Fußabdruck ihrer Einkäufe macht sie sich bisher wenig Gedanken.

Um die im ersten Kapitel aufgestellten Fragen zu beantworten, begleiten wir in den nächsten Kapiteln die Familie Müller. Sie hat beschlossen, alle ihre Lebensbereiche unter die Lupe zu nehmen: Wohnen, Mobilität, Stromverbrauch und alle weiteren Dinge, die sie für ihr Leben benötigt. Die Familie Müller, das sind Frau und Herr Müller, die beiden Kinder und ihr Hund. Sie fragen sich, was sie ändern könnten, um ihren Energieverbrauch zu reduzieren, ob es sich zum Beispiel lohnt, neue Technologien wie Wärmepumpe oder Elektroauto zu nutzen, oder ob das nur grüne Augenwischerei ist.

## Wie viel Energie benötigen die Müllers heute?

Der Startpunkt unserer Reise ist die Grafik auf der folgenden Seite. Die Höhe der Säule zeigt den gesamten durchschnittlichen Energieverbrauch einer Person in Deutschland pro Tag und damit auch ungefähr den der Familie Müller pro Familienmitglied und wie sich dieser zusammensetzt. Der Einfachheit halber unterscheiden wir nicht zwischen Erwachsenen und Kindern. Auf jede Person mit angerechnet ist auch der Energieverbrauch der Industrie, des Gewerbes, der öffentlichen Verwaltung, des Warentransports usw. Die Müllers kaufen ja Produkte ein und nutzen Dienstleistungen, und deren Energieverbrauch müssen sie sich selbst anrechnen. Natürlich können sie das nicht einzeln herausrechnen für alles, was sie kaufen. Stattdessen verwenden sie dafür die Durchschnittswerte für Deutschland.

Übrigens, der Energieverbrauch in Deutschland bietet eine Menge Überraschungen. Den privaten Stromverbrauch haben wir am genauesten im Auge, aber er ist nur ein ganz kleiner Posten. Vielleicht haben wir noch einen Bezug zur Heizenergie unseres Hauses und zum Benzin, das wir tanken. Aber auch zusammen machen diese drei Posten in Summe nur ein Drittel unseres Gesamtenergieverbrauchs aus. Kommen Sie mit uns auf die Reise durch dieses Buch, um den 100-Prozent-Durchblick zu bekommen!

**100 kWh
pro Person und Tag**

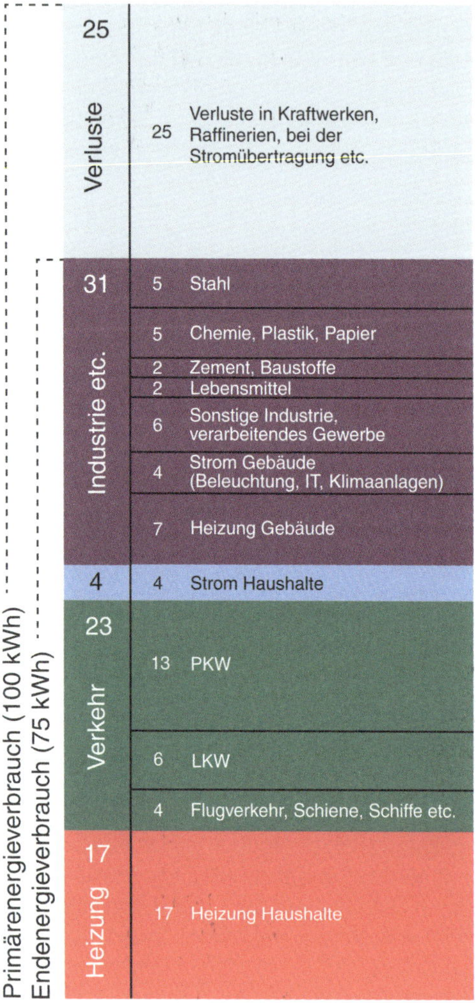


Der durchschnittliche Energieverbrauch in Deutschland beträgt 100 kWh pro Person und Tag. Diesen Verbrauch hat auch ungefähr die Familie Müller. Die Zahl ergibt sich aus der gesamten in diesem Land verbrauchten Primärenergie für ein ganzes Jahr, gleichmäßig auf 83 Millionen Menschen und alle Tage des Jahres aufgeteilt. In Wirklichkeit schwankt der Verbrauch im zeitlichen Verlauf und vor allem von Person zu Person. Aber für unsere Betrachtungen ist es hilfreich, zunächst einmal mit dem Durchschnitt zu arbeiten. (Zahlen nach AG Energiebilanzen e. V.)

Insgesamt sind es 100 Kilowattstunden (kWh) pro Tag, die jeder von uns im Schnitt verbraucht. Mit der Einheit kWh haben wir uns ausführlich in unserem ersten Buch *Erneuerbare Energien zum Verstehen und Mitreden* beschäftigt. 1 kWh ist die Menge Energie, die ein Mensch auf einem Hometrainer erzeugen kann, wenn er 10 Stunden (h) lang mit 100 Watt (W) in die Pedale tritt. Übrigens: Als wir das erste Buch geschrieben haben, war unser Energieverbrauch in Deutschland noch höher, im Jahr 2019 lag er bei 120 Kilowattstunden pro Tag und Person. Wir konnten also seitdem schon einiges einsparen.

Interessant ist, dass der Energieverbrauch des dunkelvioletten Blocks in der links dargestellten Säule („Industrie etc.") von wenigen großen Bereichen dominiert wird: Stahlproduktion, chemische Industrie, Zement und Lebensmittel sowie Strom und Heizung von Nichtwohngebäuden. Außerdem sehen wir, dass „Verkehr" (grün) und „Heizung Haushalte" (rot) zwei weitere ziemlich große Brocken sind. Dagegen ist der Posten „Strom Haushalte" (blau) mit 4 Prozent überraschend klein. Ebenfalls eine große Rolle spielen die Verluste in unserer Energieproduktion (grau), vor allem bei der Stromproduktion in fossilen Kraftwerken.

1 kWh ist eine handliche Energieportion, für die wir ein gutes Gefühl haben. Auf der Stromrechnung kostet sie ca. 30 Cent, und damit können wir ein paar Minuten lang warm duschen oder ein ganzes Essen kochen. Im Durchschnitt verbraucht jeder von uns in Deutschland 100 kWh am Tag, aber darin ist auch die Energie für Autofahren und Heizen sowie der Energieverbrauch der Industrie und der öffentlichen Verwaltung enthalten. Der Stromverbrauch zu Hause macht nur einen kleinen Teil davon aus.

## Wo steht Familie Müller in 20 Jahren?

Familie Müller möchte nun wissen, was sie tun kann, um ihren Energieverbrauch zu reduzieren. Worauf hat sie überhaupt Einfluss? Was bringt das Dämmen oder der Einbau einer Wärmepumpe, was der Umstieg auf ein E-Auto? Und auf was könnte man am einfachsten verzichten, das einen großen Einfluss auf den Energieverbrauch hat? Urlaubsflüge oder Plastiktüten?

Dabei wollen wir erfahren, ob wir unseren Energieverbrauch in Deutschland bis 2045 so weit reduzieren können, dass der Ausbau der Erneuerbaren in Deutschland den Bedarf an Energie zumindest nahezu decken könnte. Einen Rest könnte man dann womöglich aus anderen Ländern importieren.

Auf diesem Weg wollen wir die Müllers nun begleiten. In den nächsten Kapiteln wollen wir jeden Sektor zuerst ausführlich vorstellen, uns wissenschaftliche Studien zum zukünftigen Energieverbrauch ansehen und am Schluss eines jeden Kapitels überlegen, wie die Müllers sich wohl entscheiden würden.

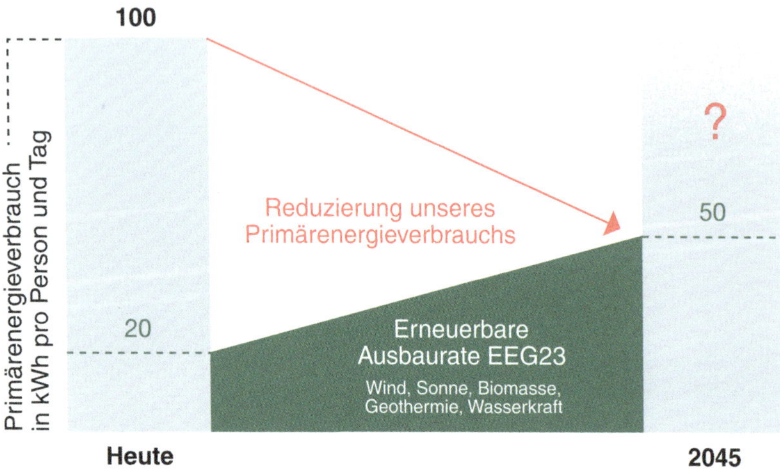


Um im Jahr 2045 unabhängig von fossilen Energieimporten zu sein und unseren Energiebedarf großteils mit vor allem eigenen erneuerbaren Energien decken zu können, sollten wir unseren Energieverbrauch senken. Aber schaffen wir das ohne Verzicht? Bleibt der Komfort der gleiche? Diese Fragen stellt sich auch Familie Müller.

Übrigens, zwischen 1990 und 2019 war unser Energieverbrauch relativ konstant, es gab nur einen minimal fallenden Trend. Interessanterweise ist er seit 2019 dann insgesamt um ca. 20 Prozent gefallen. Es gibt verschiedene Erklärungsversuche hierfür: Einer ist, dass wir Deutschland womöglich gerade deindustrialisieren, ein anderer, dass unsere Energieversorgung durch die Erneuerbaren deutlich effizienter geworden ist und dass die Corona-Krise und die Ukraine-Krise uns das Sparen gelehrt haben. Sicher ist aber, dass es nicht so einfach möglich ist, noch einmal so viel einzusparen.

# Heizung

Nicht nur Familie Müller, auch wir wollen es angenehm warm haben in unseren vier Wänden. Wir wollen im Winter nicht in dicken Mänteln zu Hause sitzen. Im Badezimmer darf es gerne etwas wärmer sein, nachts zum Schlafen etwas kühler und im Wohnzimmer irgendwas dazwischen. Wenn es draußen kalt ist, müssen wir unser Haus heizen können, und wenn es sehr heiß ist, kühlen wir sogar inzwischen selbst in unseren Breitengraden immer öfter mit Klimaanlagen. All das verbraucht Energie, und deshalb beleuchten wir in diesem Kapitel das Thema Heizung von allen Seiten und überlegen uns am Ende, welche Maßnahmen für Familie Müller sinnvoll sind.

03

Die Wärmepumpe ist in aller Munde – aus gutem Grund! Für das Heizen von Gebäuden verbrauchen wir nämlich ziemlich viel Energie. Rund ein Viertel des gesamten deutschen Energieverbrauchs nutzen wir für die Wärmeerzeugung in unseren Wohnungen, Büros und Fabrikhallen und trotz aller öffentlichen Diskussionen wird die große Mehrheit der Heizungen nach wie vor mit fossilen Brennstoffen betrieben: aktuell 50 Prozent mit Gas und 25 Prozent mit Öl. Es lohnt sich also, einen genaueren Blick auf das Thema zu werfen. Starten wollen wir mit einem Überblick über die historische Entwicklung und den Stand der Technik. Es zeigt sich, dass wir heute einen unglaublichen Komfort im Vergleich zu früheren Zeiten genießen. Und noch etwas wird offensichtlich: Es gibt gar nicht so viele Optionen, um ein Haus gemütlich warm zu machen.

# Geschichte der Heizung

Tauchen wir also in die Geschichte ein und schauen uns doch mal an, wie unsere Vorfahren geheizt haben.

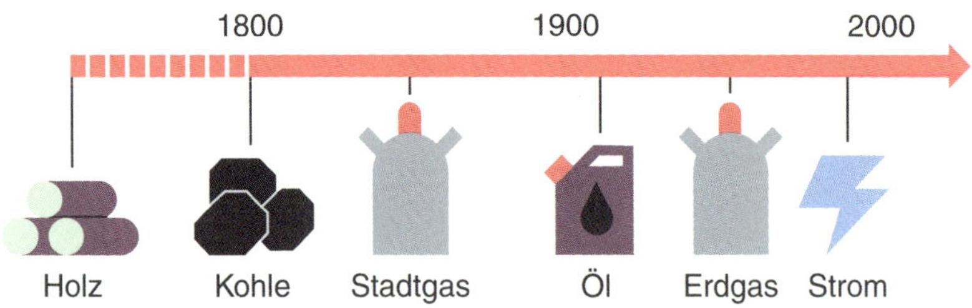


Seit der Entdeckung des Feuers haben die Menschen über lange Zeit mit Holz geheizt. Trotz der Feuerstellen und Kamine haben die meisten Menschen im Winter eher gefroren. Dann ging es aber Schlag auf Schlag. Während des 18. und 19. Jahrhunderts hat die Kohle das Holz als Brennstoff nach und nach abgelöst. Seit Anfang des 19. Jahrhunderts wurde vor allem das aus Kohle gewonnene Stadtgas ausgebaut. Im 20. Jahrhundert kamen zunächst Öl und später auch Erdgas als Brennstoff in Gebrauch. Nicht mehr einzelne Öfen, sondern die sehr komfortablen Zentralheizungen hielten Einzug in die Wohnungen, sodass der Brennstoff nicht mehr nachgelegt werden musste. Parallel dazu wurde auch immer mehr mit elektrischem Strom geheizt.

## Holz

Die meisten Menschen lebten vor mehr als 200 Jahren sehr einfach und kamen damals in den kalten Jahreszeiten kaum in den Genuss von gut geheizten Räumen. Lediglich in der Küche war es zeitweise warm vom Kochen über dem Feuer. Womit wir bei der ältesten Heizung sind, nämlich beim Heizen mit Holzstücken, die man manuell nachlegen muss. Das Herbeischaffen des Brennstoffs war mühselig. Außerdem war Holz auch als Baustoff begehrt und deshalb teuer. Die ohnehin schon hohe Nachfrage wurde noch verschärft durch industrielle Prozesse, wie die Metallgewinnung und -bearbeitung, für die man viel Holz in Form von Holzkohle benötigte, weshalb es schon früh zu Knappheit kam.

## Kohle

Dann kam die Kohle, und die verfügbare Energiemenge wurde schlagartig sehr viel größer. Kohle wurde in Deutschland über weite Strecken aus dem sogenannten Kohlenpott – dem Ruhrgebiet – herantransportiert. Kohle hat einen deutlich höheren Brennwert, also mehr Energie pro Kilogramm, und man kann noch höhere Temperaturen erreichen als mit Holzkohle. Und Kohle brennt deutlich länger, man muss also seltener nachlegen.

Ebenfalls aus Kohle wurde ab Mitte des 19. Jahrhunderts in größeren Städten sogenanntes Stadtgas gewonnen. Dieses wurde anfangs zur Beleuchtung eingesetzt (Strom kam erst später), und plötzlich war es in den Städten in der Nacht nicht mehr dunkel – was für ein Fortschritt, man kann es sich heute gar nicht mehr anders vorstellen. Das Stadtgas wurde aber auch in Gasherden eingesetzt, ebenso in Durchlauferhitzern. Erstmals in der Geschichte kam die Energie einfach aus der Steckdose, oder besser gesagt aus der Leitung, und die Konsumenten mussten nichts mehr selbst herbeischaffen – ein großer Komfortgewinn, der aber bezahlt werden musste.

## Heizöl und Erdgas

Im 20. Jahrhundert hat sich dann Erdöl als Heizstoff etabliert. Es war äußerst günstig und wurde bald mittels Zentralheizung verbrannt, die im Zusammenspiel mit einer elektronischen Steuerung einen enormen Vorteil besitzt: Man musste sich auf einmal um nichts mehr kümmern. Solange Öl im Tank war, waren die Wohnungen und Häuser warm.

Nach dem Zweiten Weltkrieg kam Erdgas anstatt des Stadtgases in Mode. Während Stadtgas aus Kohle hergestellt wurde, kommt das Erdgas direkt aus dem Boden. Und ins Haus kommt das Erdgas entweder per Leitung oder in Gasflaschen und ist in Kombination mit einer Zentralheizung genauso komfortabel wie die Ölheizung.

## Fernwärme

Auch die Fernwärme fand zunehmend Anwendung, vor allem in städtischen Gebieten. Bei der Fernwärme wird Wasser im Kraftwerk auf 70 bis 130 Grad Celsius (°C) erhitzt und über Rohrleitungen zu den Häusern geführt. Das Kraftwerk verbrennt dafür Holz, Kohle, Öl oder Gas, aber auch Geothermie oder die Verbrennung von Müll können als Wärmequelle in den Fernwärmenetzen dienen.

## Strom und andere Alternativen

Parallel zu den bereits dargestellten Verfahren wurden elektrische Heizungen wie Radiatoren und Nachtspeicheröfen zu einer Standardheiztechnik. Der Strom dafür wurde ebenfalls in Kraftwerken bereitgestellt, die ihrerseits Müll, Kohle, Öl, Gas oder die Kernkraft nutzen. Und damit sind wir in den 1970er-Jahren angekommen. Nach den Ölpreiskrisen 1973 und 1979 kamen dann erstmals Wärmepumpen in nennenswerter Menge ins Spiel. Auf die Wärmepumpen gehen wir weiter unten noch genauer ein.

Ebenfalls getrieben durch die Ölpreiskrisen wurden Holzpellets entwickelt und eingesetzt. Der Brennstoff ist zwar Holz, er wird aber aufbereitet in einer Form, die man maschinell und damit auch in einer Zentralheizung verwerten kann. Genauso verhält es sich mit Hackschnitzeln, die vor allem in größeren Industrieanlagen oder in Verbindung mit Fernwärme eingesetzt werden.

Trotz Ölkrise ist der Ölpreis nach wie vor vergleichsweise niedrig geblieben. Und Ölheizungen sind sehr komfortabel, nur einmal im Jahr muss ein Tanklaster kommen und Öl nachfüllen.

## Wir haben es schön warm heute!

Wir leben heute also in einem Komfort, von dem unsere Vorfahren nur träumen konnten. Noch vor 100 Jahren war eine große, warme Wohnung nicht die Regel. Trotz allen Wandels ist über Jahrhunderte aber eines gleich geblieben: Wärme wird bis heute vor allem mithilfe eines Brennstoffs erzeugt. Dafür kommen nur Stoffe infrage, die Energie gespeichert haben, nämlich Holz (sowie sonstige Biomasse wie Torf, Mais, Weizen oder Bioabfälle) oder fossile, Millionen Jahre alte Biomasse in Form von Kohle, Öl und Erdgas. Erst mit der Elektrifizierung hat sich das zum Teil geändert. Die fossilen Brennstoffe müssen aber fast vollständig importiert werden und setzen große Mengen an $CO_2$ frei, das über Jahrmillionen im Boden gespeichert war. Das sind die Gründe, warum wir über erneuerbare Alternativen nachdenken. Es gibt sie, aber unsere Möglichkeiten sind beschränkt.

Übrigens, die Römer hatten auch schon Fußbodenheizungen. Doch warum wurde diese Erfindung wieder vergessen? Die Wärme kam von Holzöfen, die ständig befeuert werden mussten, und das haben Sklaven gemacht. Einerseits musste das Holz herbeigeschafft und andererseits ständig nachgelegt werden.

Heute leben wir sehr komfortabel – nur einmal kurz am Heizregler drehen, und im Handumdrehen haben wir es schön warm! Selbst eine private Sauna gibt es in vielen Häusern, sodass man auf Knopfdruck auch im Winter schwitzen kann.

# Nachhaltige Alternativen zur Wärmegewinnung

Alle Bestandsgebäude in unseren Breitengraden und auch moderne Häuser benötigen immer noch zusätzliche Wärme. Wie wollen wir diese in Zukunft bereitstellen? Welche Technologien kommen dafür infrage? Sammeln wir doch mal alle Möglichkeiten, die je nach geografischer Lage zur Verfügung stehen, um Öl und Gas zu ersetzen. Nicht zu vernachlässigen ist bei allen technischen Entwicklungen aber auch eine energetische Dämmung, über die wir ebenfalls kurz sprechen wollen.

## Holz

Der traditionelle Rohstoff fürs Heizen ist nach wie vor Holz. Ob als Scheitholz, Pellets oder Hackschnitzel. Beim Verbrennen entsteht zwar $CO_2$, aber dieses wurde von den Bäumen in den Jahrzehnten zuvor aus der Atmosphäre geholt. Im Moment der Verbrennung ist Holz also nicht klimaneutral, doch es wird nur so viel $CO_2$ freigesetzt, wie vorher beim Wachstum aus der Luft aufgenommen wurde.

Ändert sich der Waldbestand also nicht, dann ist man in der Summe tatsächlich klimaneutral. Das Problem von Holz ist nur, dass in Deutschland bei Weitem nicht genügend Holz für alle Einwohner nachwächst. Würden wir alles nachwachsende Holz aus Deutschland in Deutschland verbrennen, dann könnten wir knapp die Hälfte unseres Wärmebedarfs mit Holz abdecken, hätten aber kein Holz mehr übrig für andere Zwecke.

In Ländern wie Schweden oder Finnland sieht es da schon viel besser aus, doch auch dort ist dieser Rohstoff viel zu wertvoll, um ihn gänzlich zu verheizen. Dies geschieht lediglich mit dem Restholz. Holz benötigt man in der Papierindustrie, als Baustoff, als Verpackungsmaterial und als chemischen Grundstoff. Und Holz ist eine wichtige Senke, um $CO_2$ langfristig zu speichern. Holz als Ergänzung zur Wärmegewinnung jedoch, zum Beispiel in Kaminöfen oder in Form von Pellets und Hackschnitzeln, wird vermutlich auch in Zukunft eine kleine Rolle spielen. Der wichtigste Nachteil von Holz ist somit, dass es nicht genug davon gibt. Stand heute beziehen wir nur ca. 4 Prozent unserer Heizwärme aus Holz, und aus dem genannten Grund wird es auch in Zukunft wohl bei einem nur geringen Beitrag bleiben.

Übrigens, ein Nachteil von Holzheizungen ist die Entstehung von Feinstaub, insbesondere beim Anfeuern. Allerdings tragen Holzheizungen auch im Winter nur 10 bis 20 Prozent zur gesamten Feinstaubbelastung bei. Die höchsten Konzentrationen werden nach wie vor in Straßennähe gemessen.

## Biogas

Biogas wird aus Pflanzen und organischen Reststoffen erzeugt, wie zum Beispiel Mais und Gülle. Auch hier entsteht beim Verbrennen $CO_2$, das zuvor von der Pflanze aus der Luft aufgenommen wurde. Anstatt, wie heute üblich, Biogas in kleinen Anlagen zur kontinuierlichen Stromgewinnung einzusetzen, wäre es möglicherweise sinnvoller, das Biogas ins Erdgasnetz einzuspeisen. Allerdings müsste das Gas gereinigt werden, was den Preis wieder erhöhen würde. Deshalb besteht heute nur 1 Prozent des Erdgases im Netz aus nachwachsenden Rohstoffen.

Aber selbst wenn wir alle Hindernisse aus dem Weg räumen könnten, lautet das Fazit: Wir haben viel zu wenig Biomasse, da die Photosynthese nun mal sehr ineffizient ist.

In Deutschland herrscht weitgehender gesellschaftlicher und politischer Konsens darüber, dass nicht noch mehr landwirtschaftliche Flächen für Energiepflanzen genutzt werden sollten. Pflanzliche Abfälle sind ebenfalls stark begrenzt und werden zudem benötigt, um den Humus zu mehren, anstatt ihn aufzuzehren. Zum Heizen wird Biogas also auch in Zukunft kaum eine Rolle spielen.

## Fernwärme

Fernwärme ist eine interessante Wärmeversorgung, sagt jedoch erst mal nichts über die Wärmequelle aus. Sie ist nämlich lediglich ein Verteilsystem. Die Fernwärme könnte aber gerade deshalb durchaus zu einem sehr wichtigen Baustein werden, um in Zukunft nicht mehr in jedem einzelnen Haus eine Heizung installieren zu müssen. In einer Zentrale lassen sich Prozesse meist effizienter und umweltfreundlicher regeln, zum Beispiel die Speicherung von Wärme im Sommer in großen Wärmespeichern oder die Wärmegewinnung aus Geothermie oder großen Solarthermieanlagen. Außerdem lassen sich verschiedene Wärmequellen kombinieren. Gegenzurechnen sind natürlich die Verluste beim Transport über lange Strecken.

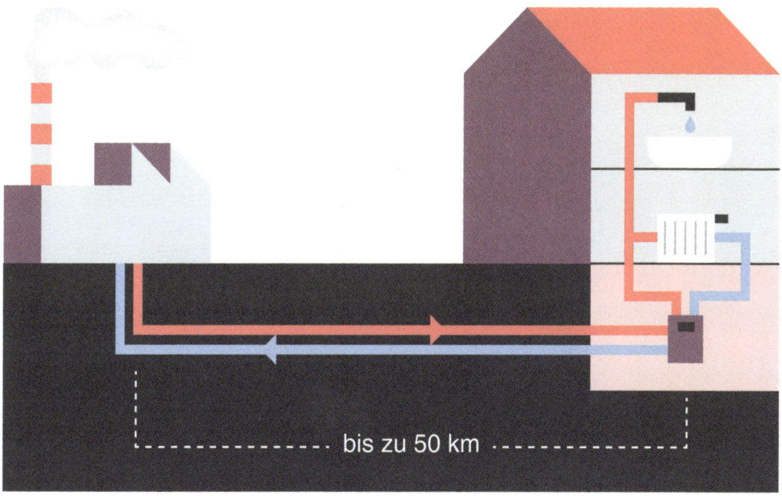


Fernwärme: Die Wärmeerzeugung findet nicht in jedem Haus einzeln, sondern in einer großen Anlage zentral statt, die Wärme wird dann über gedämmte Leitungen zum Teil über große Strecken in die Häuser geleitet. Die Frage bleibt aber, wie die Wärme erzeugt wird. Hier ist vieles möglich: zum Beispiel fossile Brennstoffe, Solarthermie, Abwärme von Kraftwerken oder Geothermie.

In Deutschland werden rund 15 Prozent des Heizwärmebedarfs durch Fernwärme gedeckt, Tendenz steigend. Fernwärme wird voraussichtlich in Zukunft eine größere Rolle spielen (gegebenenfalls auch Niedertemperatur-Fernwärme im Zusammenspiel mit Wärmepumpen), entscheidend ist aber, wie die eingespeiste Wärme produziert wird. Momentan liegen in Deutschlands Boden ca. 31 000 Kilometer Fernwärmeleitungen, das sind fast dreimal so viel wie Autobahnkilometer. Im Vergleich zu anderen Ländern ist der Fernwärmeausbau bei uns aber gering, in Dänemark etwa werden 63 Prozent der Haushalte über Fernwärme versorgt.

## Solarthermie

Auf Hausdächern finden sich neben Photovoltaikanlagen häufig auch Solarthermieanlagen, meist einfach nur Solaranlagen genannt. Diese erzeugen nicht Strom (wie dies Photovoltaikanlagen tun), sondern Warmwasser zum Duschen und womöglich zur Unterstützung der Heizung. Heute werden in Deutschland ca. 5 Prozent der Heizenergie auf diese Weise erzeugt. Der große Nachteil ist jedoch, dass man mit Warmwasser zum Beispiel kein E-Auto aufladen kann. Strom ist viel universeller einsetzbar und kann leicht über zig Kilometer verteilt werden. Und der allergrößte Nachteil ist, dass Solaranlagen dann den höchsten Ertrag liefern, wenn man fast keine Wärme benötigt – nämlich im Sommer.

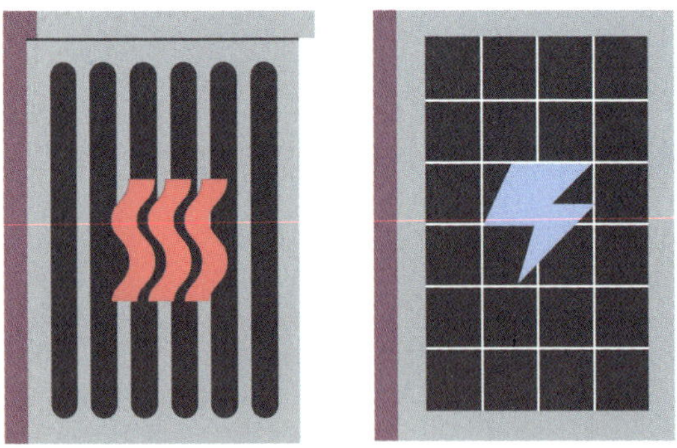

Solarthermie Photovoltaik

Manchmal sieht man auf Häusern neben oder anstelle von Photovoltaik- auch Solarthermiepaneele. Diese nutzen die Sonnenenergie, um warmes Wasser zu erzeugen – und nicht Strom.

Nur in Kombination mit der saisonalen Wärmespeicherung oder mit anderen erneuerbaren Quellen wird die Solarthermie einen wichtigen Beitrag liefern können, insbesondere in Großanlagen auf dem freien Feld zusammen mit Fernwärmenetzen oder für große Wohnanlagen. Auf Privathäusern ist der Trend dagegen eindeutig und berechtigt: Solarthermieanlagen auf Hausdächern werden immer seltener und zunehmend ersetzt durch Photovoltaikanlagen.

## Geothermie

Geothermie gibt es in zwei Varianten: Zum einen als Bohrung für ein einzelnes Haus oder eine kleinere Wohnanlage mit Bohrtiefen von bis zu 100 Metern. In dieser Tiefe liegt die Temperatur des Bodens oder Grundwassers bei ca. 5 bis 15 °C. Mit dieser Temperatur kann man natürlich nicht heizen. In nutzbare Heizwärme umgewandelt wird diese Temperatur mithilfe einer Wärmepumpe, auf die wir gleich noch detaillierter eingehen.

Die zweite Variante, die „tiefe Geothermie", arbeitet mit Bohrtiefen von mehreren Tausend Metern und nutzt in der Regel heiße wasserführende Schichten tief im Untergrund. Erfolgreiche Bohrungen liefern Temperaturen von 100 bis 150 °C. Solche Tiefenbohrungen sind nicht für jedes einzelne Haus machbar, sondern werden ausschließlich für große Kraftwerke mit aufwendiger Technik durchgeführt.

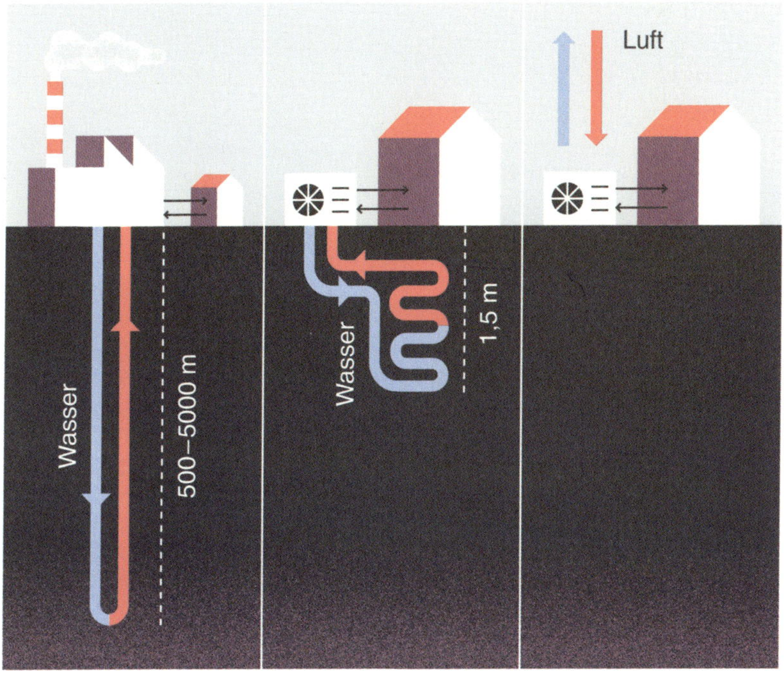


Der Begriff „Geothermie" wird für unterschiedliche Technologien verwendet. In großtechnischen Anlagen wird mehrere Tausend Meter tief gebohrt, wo die Temperaturen zwischen 100 und 150 °C betragen. Damit werden dann ganze Stadtteile beheizt und teilweise zusätzlich Strom erzeugt. Kleine Anlagen für einzelne Häuser oder Wohnquartiere haben nur geringe Tiefen von 0 bis 100 m. Sie entziehen dem Boden oder dem Grundwasser mithilfe einer Wärmepumpe die Wärme. Luftwärmepumpen entnehmen die Wärme sogar nur der Umgebungsluft und haben eigentlich mit Geothermie nichts zu tun.

Die Wärme wird dann mithilfe von Fernwärmenetzen an die Haushalte verteilt. Es gibt allerdings nicht überall in Deutschland geeignete Vorkommen, und bisher spielt diese Variante noch keine große Rolle. Außerdem sind diese tiefen Bohrungen sehr kostspielig und nicht immer erfolgreich.

Wo es geeignete Vorkommen gibt und Fernwärmenetze sinnvoll aufgebaut werden können, zum Beispiel in und um München, wird diese Technik vermehrt eine Rolle spielen. Allerdings bleibt offen, welchen Anteil sie am Heizbedarf in Deutschland in Zukunft decken kann. In Bayern könnten theoretisch bis zu 40 Prozent des Wärmebedarfs durch tiefe Geothermie gedeckt werden. In Wirklichkeit handelt es sich aber um einen „Wärmeabbau" im Untergrund. Wenn die Wärme einmal abgebaut ist, dauert es viele Jahrhunderte oder länger, bis sich das Reservoir wieder aufgewärmt hat. Bis so ein Reservoir aufgebraucht ist, würde die Wärme aber erst mal für viele Jahrzehnte oder Jahrhunderte reichen.

Übrigens, in bestimmten Gebieten ist in den heißen Wasserschichten im Untergrund viel Lithium gelöst, das für die Batterieproduktion genutzt werden könnte. Es gibt daher Überlegungen, dieses Lithium als Nebenprodukt der tiefen Geothermie zu gewinnen. Erste Versuchsanlagen dazu existieren bereits.

## Wasserstoff

Wasserstoff ($H_2$) ist eines der Schlagwörter in der Energiediskussion, ein Wundermittel, das mit vielen Hoffnungen verbunden ist, nicht nur im Wärmebereich. Deswegen haben wir ihm ein eigenes Kapitel am Ende dieses Buches gewidmet.

Wollten wir mit Wasserstoff heizen, könnten wir ihn wie Gas verbrennen. Übrig bleiben würde $H_2O$, also Wasser, und kein $CO_2$. Transportieren könnte man den Wasserstoff im ertüchtigten Erdgasnetz und in zusätzlichen neuen Leitungen. Stadtgas bestand früher zur Hälfte aus Wasserstoff, wir wären also im bewährten Terrain. Doch selbst moderne Gasheizungen mit einem sogenannten $H_2$-ready-Logo können meist nur einen gewissen Wasserstoffanteil im Gasnetz vertragen und arbeiten nicht mit reinem Wasserstoff, wir bräuchten also überall neue Gasthermen.

Wie wir im Kapitel zu Wasserstoff noch sehen werden, wird es aber sehr schwierig, in absehbarer Zeit auch nur annähernd genügend grünen, also aus erneuerbaren Energien erzeugten Wasserstoff zu produzieren, um ihn zu verheizen. Zudem wird er vorerst mit großer Wahrscheinlichkeit dafür zu teuer sein.

### Grünes Erdgas (synthetisches Erdgas)

Den aus erneuerbaren Energien erzeugten Wasserstoff kann man chemisch noch weiterverarbeiten, zum Beispiel zu grünem Erdgas. Benötigt wird für diesen Prozess aber noch mehr Energie und für grünes Erdgas zusätzlich $CO_2$. Letzteres könnte man zwar aus der Luft holen, aber auch das ist energieaufwendig und bisher technisch schwierig und erhöht die Kosten weiter. Grünes Erdgas wird also in naher Zukunft – wie der grüne Wasserstoff – nicht in großem Ausmaß zur Verfügung stehen.

### Elektroheizungen

Dieses Konzept ist technisch simpel und auch nicht neu. Wir kennen es alle in Form von Heizlüftern, Radiatoren, Nachtspeicheröfen und Tauchsiedern. Gerade Nachtspeicheröfen wurden als primäre Heizung zwischen 1950 und 1980 in Millionen Haushalten eingebaut und zum Teil gefördert, um den Stromverbrauch nachts zu erhöhen. Damit sollten die Großkraftwerke gleichmäßiger ausgelastet werden. Unter elektrischer Heizung kann man auch alle elektrischen Verbrauchsgeräte im Haushalt verstehen, sei es der Router oder die Glühbirne. Alle aufgenommene elektrische Energie wird komplett in Wärme umgesetzt, sogar beim Kühlschrank ist das so. In der Öffentlichkeit hört man auch von Infrarotheizungen, die in Form von Paneelen an Wänden oder Decken angebracht und mit Strom betrieben werden. Anschaffung und Installation sind dabei sehr einfach und günstig.

Es handelt sich aber auch bei der Infrarotheizung nach wie vor um eine elektrische Heizung – und diese haben alle einen gemeinsamen Nachteil: Sie erzeugen aus 1 Kilowattstunde Strom nur 1 Kilowattstunde Wärme.

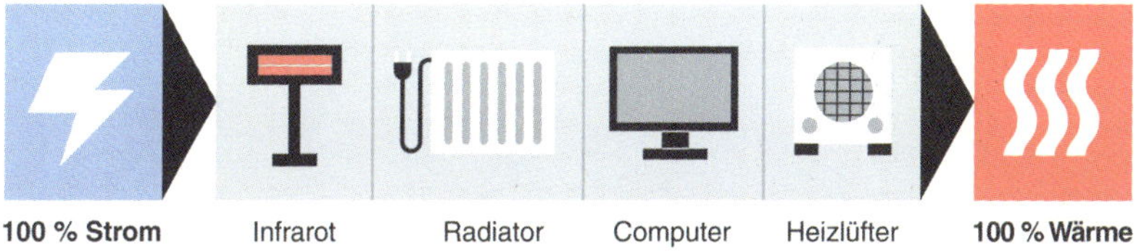


Man kann mit Strom auch direkt heizen, zum Beispiel mit einem Heizlüfter. Generell ist jeder Verbraucher eine Heizung, auch der Computer, weil er Strom in Wärme umwandelt, und zwar mit 100 % Effizienz. Entscheidend ist dabei aber immer, woher der Strom kommt – und eigentlich ist er zu wertvoll, um ihn einfach zu verheizen.

Zu bedenken ist dabei, dass der Strom vorher bereits aufwendig mit teilweise niedrigen Wirkungsgraden und aktuell noch knapp zur Hälfte durch klimaschädliche, fossile Kraftwerke erzeugt wird. Wird stattdessen Strom nur aus erneuerbaren Quellen eingesetzt, ist die Klimabilanz ausgeglichen. Doch es gibt eine Technik, die Strom viel ertragreicher in Wärme umwandeln kann als die Elektroheizung – die Wärmepumpe.

## Wärmepumpe

Wärmepumpen sind in aller Munde. Dabei scheinen viele gar nicht zu wissen, worum es sich dabei eigentlich handelt. Was sind Wärmepumpen und was macht sie so besonders?

Die Wärmepumpe heizt nicht mit Strom, sondern sie benötigt den Strom, um Wärme aus der Umgebung ins Haus zu „pumpen". Die Umgebung kann alles Mögliche sein: die Außenluft, der Erdboden in verschiedenen Tiefen oder auch das Grundwasser. Und jetzt kommt der Trick: Obwohl die Temperatur von Luft, Erde oder Grundwasser vor allem im Winter deutlich niedriger ist als die Temperatur in unseren Heizkörpern oder Fußbodenheizungen, kann eine Wärmepumpe diesen Quellen trotzdem Wärme entziehen und ins Haus pumpen. Draußen wird es dann kälter und innen wärmer.

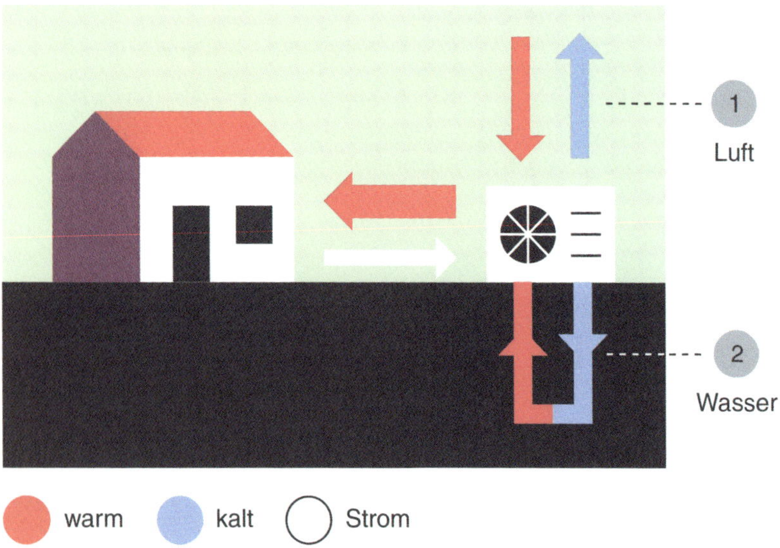


Eine Wärmepumpe wird mit Strom betrieben und „pumpt" damit Wärme von einem Reservoir ins Haus. Das kann die Umgebungsluft sein, der Erdboden oder das Grundwasser. Interessant ist, dass die Wärmepumpe mehr Wärmeenergie im Haus abliefert, als sie dafür an Stromenergie benötigt.

Die Wärmepumpe benötigt dafür allerdings Strom, denn von allein fließt die Wärme im Winter nicht von draußen nach drinnen. Die Magie dabei ist: Wir können typischerweise mit einer einzigen Kilowattstunde Strom sagenhafte 3 bis 5 Kilowattstunden Wärme ins Haus pumpen. Man spricht dann von der Jahresarbeitszahl (manchmal JAZ abgekürzt) 3 bis 5. Bei einem Heizlüfter oder einer Gasheizung bekommen wir aus1 Kilowattstunde Strom beziehungsweise Gas maximal 1 Kilowattstunde Wärme. Eine Wärmepumpe benötigt also für dieselbe Wärmemenge deutlich weniger Energie als alle anderen Heizarten!

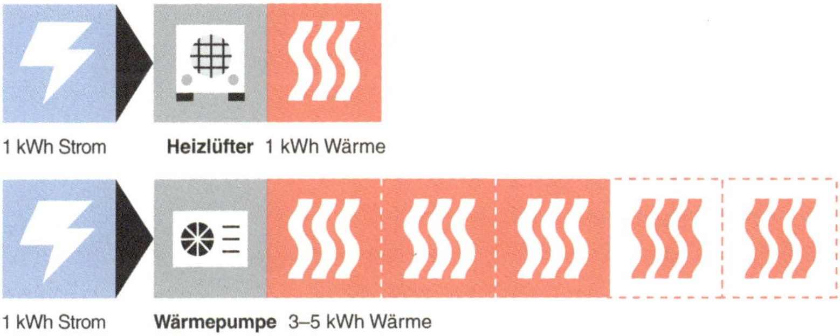


In Sachen Effizienz ist die Wärmepumpe unschlagbar. Während ein Heizlüfter aus 1 kWh Strom nur 1 kWh Wärme generieren kann, produziert die Wärmepumpe im Haus aus 1 kWh Strom zwischen 3 und 5 kWh Wärme. Der Strom wird also deutlich effizienter eingesetzt.

Was dabei in der Wärmepumpe genau passiert, ist für uns gar nicht so wichtig. Aber es gibt eine entscheidende Regel, die wir uns merken müssen: Je größer der Temperaturunterschied zwischen draußen und der Heiztemperatur ist, umso aufwendiger wird das „Pumpen" und umso mehr sinkt die Jahresarbeitszahl – und damit verringert sich der Vorteil der Wärmepumpe gegenüber dem Heizlüfter. Es bleibt aber dabei, dass die Wärmepumpe mehr Kilowattstunden in Form von Wärme ins Haus pumpt, als sie an Strom verbraucht.

Die Wärmepumpe schlägt also die direkten Stromheizungen deutlich, ebenso Gas- und Ölheizungen. Warum dann die hitzige Diskussion über sie in Öffentlichkeit und Politik? Wärmepumpen sind bisher noch recht teuer, aufwendig zu installieren, und der Strompreis für ihren Betrieb ist in Deutschland leider vergleichsweise hoch. Wenn zum Beispiel der Gaspreis bei 10 Cent pro Kilowattstunde liegt und der Strompreis bei 30 Cent pro Kilowattstunde, dann spart eine Wärmepumpe mit Jahresarbeitszahl 3 im Betrieb kein Geld, obwohl sie dreimal weniger Energie benötigt. Das sieht in Ländern wie Norwegen ganz anders aus: Dort ist der Haushaltsstrom deutlich günstiger als bei uns, folglich werden dort ca. 60 Prozent der Häuser mit Wärmepumpen beheizt.

Die Diskussion dreht sich also vor allem um die Kosten, beim Klimaschutz und der Effizienz hat die Wärmepumpe in aller Regel die Nase vorn. Die entscheidenden Fragen sind also, wie sich der Strompreis im Vergleich zum Gas- und Ölpreis und wie sich die Anschaffungskosten einer Wärmepumpe in Zukunft entwickeln werden.

In Neubauten ist das kein Problem: 2023 wurden in 65 Prozent aller Neubauten Wärmepumpen eingebaut. Sie sind deutlich besser isoliert als ältere Gebäude. Und deshalb installiert man in Neubauten Fußbodenheizungen mit geringer Vorlauftemperatur (die Wassertemperatur im Fußboden oder im Heizkörper) von deutlich unter 40 °C. Mit solchen Heizungen lassen sich Jahresarbeitszahlen von 4 bis 5 erreichen.

In Altbauten sieht es anders aus: Hier wird im unsanierten Zustand sehr viel mehr Heizwärme benötigt. Dabei liegen die notwendigen Vorlauftemperaturen oft bei 70 °C und mehr. Der Stromverbrauch wäre dann natürlich dementsprechend hoch.

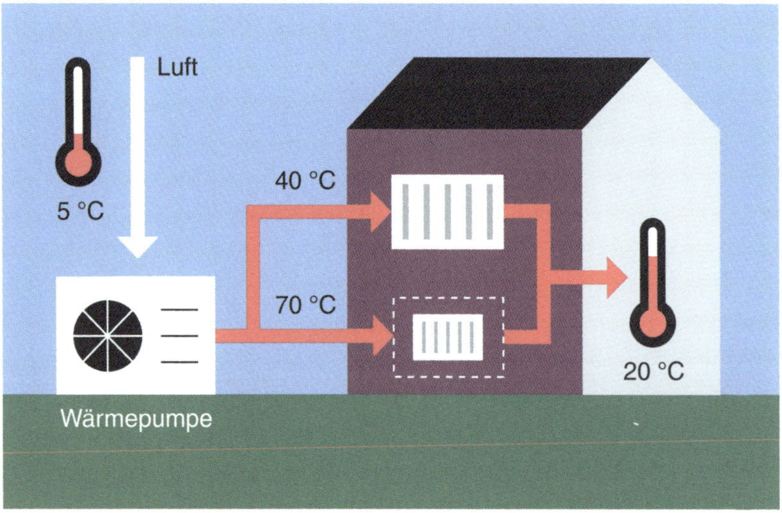


Der Wirkungsgrad (die sogenannte Jahresarbeitszahl oder JAZ) einer Wärmepumpe hängt vom Temperaturunterschied zwischen der Außenluft (oder dem Grundwasser) und der Wassertemperatur im Heizsystem, der Vorlauftemperatur, ab. Je kleiner dieser Unterschied ist, desto größer ist die JAZ.
Bei einem Haus mit Fußbodenheizung beträgt die Wassertemperatur nur grob 40 °C, hier kann man im Jahresdurchschnitt aus 1 kWh Strom bis zu 5 kWh und mehr Wärme generieren. Im Altbau mit 70 °C Wassertemperatur liegt die JAZ dagegen eher unter 3. Zusätzlich wird im Altbau meist mehr Heizwärme benötigt.

Aber auch im Altbau gibt es mittlerweile praktikable Lösungen mit Wärmepumpen für Vorlauftemperaturen um 50 bis 55 °C. Oft reichen schon größere Heizkörper, und der Einbau einer Fußbodenheizung ist gar nicht notwendig. Auch der hydraulische Abgleich, also die Optimierung des bestehenden Heizsystems, reduziert häufig die benötigte Vorlauftemperatur.

Aus all diesen Gründen wird die Wärmepumpe in den nächsten Jahren sicherlich stark an Bedeutung gewinnen, und auch die Anschaffungspreise werden deutlich sinken aufgrund der startenden Massenproduktion. Und es gibt noch einen Vorteil: Mit Wärmepumpen können wir unter bestimmten technischen Voraussetzungen im Sommer unsere Häuser auch kühlen. Dann wird einfach Wärme aus dem Haus nach außen „gepumpt" (wie beim Kühlschrank). Keine der anderen genannten Quellen bietet diese Möglichkeit.

Zwei wichtige Aspekte wollen wir aber noch ansprechen: Der Strombedarf in einer Minus-10-Grad-Woche wird richtig hoch. Möchten wir flächendeckend mit Wärmepumpen heizen, müssen die Stromleitungen an vielen Stellen ausgebaut werden. Auch hierzu gibt es ein separates Kapitel im Buch. Und zweitens sollte der Ausbau von Wärmepumpen einhergehen mit dem Ausbau erneuerbarer Energiequellen wie Photovoltaik und Windkraft. Denn mit den Wärmepumpen wird sich der Stromverbrauch erhöhen, aber im Gegenzug verbrauchen wir natürlich weniger Öl und Gas. Der Energieverbrauch insgesamt wird sinken.

## Möglichkeiten der Energieeinsparung

Neben all den Technologien gilt jedoch nach wie vor: Am nachhaltigsten und günstigsten ist die nicht verbrauchte Kilowattstunde. Da der Heizbedarf vor allem von Zustand und Größe des Hauses, der Außentemperatur und von unserem Heizverhalten abhängt, gibt es mehrere Möglichkeiten, den Energieverbrauch zu senken:

- **Dämmen:** Ob im Altbau oder Neubau, durch das Dämmen der Dächer, der Fenster und der Außenwände verliert das Haus deutlich weniger Energie. Leider sind diese Maßnahmen vor allem im Altbau recht teuer und lohnen sich nicht immer, zumindest nicht bei den Energiepreisen der Vergangenheit. Wichtig zu bedenken ist aber auch, dass ein schlecht gedämmtes Haus nicht nur im Winter sehr kalt wird, sondern im Hochsommer tage- oder wochenlang unerträglich warm sein kann.
- **Intelligent steuern:** Man kann heute mit technischem Einsatz die Heizung viel besser steuern. Abhängig von Uhrzeit und Anwesenheit sowie mit einem Abgleich gegen die Raumtemperatur lässt sich die Heizung zeitweise herunterregeln, wobei man viel sparen kann.

- **Kontrollierte Belüftung:** Im Altbau schwieriger nachzurüsten, im Neubau aber gut machbar ist die automatische Belüftung durch ein Rohrleitungssystem, die das Öffnen von Fenstern vermeidet. Der große Vorteil dabei ist, dass man dann die Wärme aus der Abluft recyceln kann.
  Ziemlich einfach umzusetzen in allen Haustypen ist jedoch, Fenster nicht stundenlang zu kippen, sondern sie nur für kurze Zeit ganz zu öffnen (Stoßlüften) und nach wenigen Minuten wieder zu schließen. Aus eigenen Beobachtungen an den Universitäten dieses Landes lässt sich ablesen, dass man mit diesen einfachen Maßnahmen schon viel sparen könnte.
- **Weniger Wohnraum:** Im Durchschnitt benötigen wir in Deutschland heute 48 Quadratmeter ($m^2$) Wohnraum pro Person, der geheizt werden muss. 1995 waren es noch 35 $m^2$ und 1960 sogar nur 20 $m^2$. Und natürlich sind Reihenhäuser und Mehrfamilienhäuser per se vorteilhafter als kleine Einfamilienhäuser, weil sie im Verhältnis weniger Wände nach außen besitzen.
- **Niedrigere Temperaturen:** Historisch betrachtet sind 25 °C Raumtemperatur im Winter ziemlich sensationell (und eigentlich zu warm). 20 °C könnten auch reichen, ohne zu frieren. Und in öffentlichen Gebäuden kann der Gesetzgeber niedrigere Temperaturen vorschreiben.

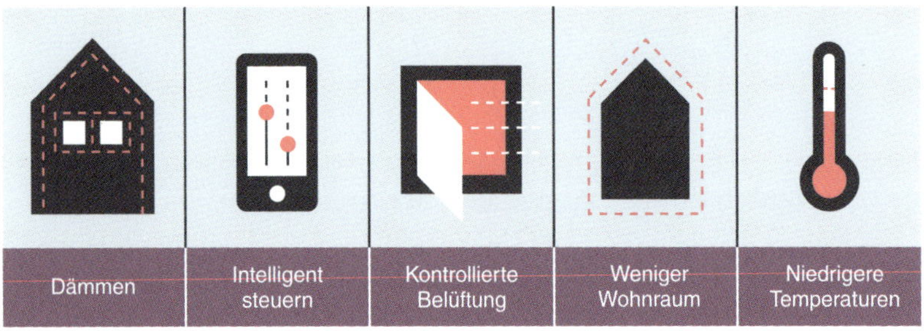


Bei allen Entwicklungen in den Heiztechnologien sollten wir das Sparen nicht ganz vergessen. Neben einer guten Dämmung sollte die Heizung effizient gesteuert und die Lüftung kontrolliert werden, der Wohnraum nicht unnötig groß sein und die Temperatur im Haus im Rahmen bleiben.

## Fazit

Stand heute werden die meisten Heizungen nach wie vor fossil betrieben. Wenn wir aber unabhängig von fossilen Importen und zudem klimaneutral werden möchten, kann das nicht so bleiben. Also müssen die oben genannten Alternativen zur Wärmegewinnung genutzt werden.

Einfacher würde die Umstellung zudem, wenn wir unseren Wärmebedarf in Deutschland insgesamt reduzieren würden durch modernere und effizientere Gebäude.

## Was macht Familie Müller?

Unsere Familie Müller hat sich schnell entschieden, das Thema Heizung als einen der wichtigsten Punkte auf ihrem Weg zu deutlich reduziertem Energieverbrauch ganz oben auf die Agenda zu setzen. Das Entscheidende dabei ist die energetische Sanierung ihres Altbaus. Die Investitionen sind immens und eine Generationenaufgabe. Aber unabhängig von der Heizung ist eine Sanierung sowieso notwendig, um das alte Haus auf den neuesten Stand der Technik zu bringen. Die Fenster sind undicht, die Bäder alt und die Wände zum Teil feucht.

Nach einer ausführlichen energetischen Beratung ist ein Kredit geplant, der über die nächsten 30 Jahre abgezahlt wird. Im Zuge dieser Sanierung wird auch das Heizsystem getauscht. Familie Müller hat sich für eine Wärmepumpe entschieden, denn einen Fernwärmeanschluss wird es in ihrem Dorf auf lange Sicht nicht geben. Und auch eigenes Holz produziert die Familie nicht, aber eigenen Strom kann sie mit der geplanten PV-Anlage sehr wohl beisteuern.

Der Unterschied zwischen vorher und nachher ist gewaltig. Wenige andere Maßnahmen, die die Familie ergreifen kann, haben ähnlich große Auswirkungen auf ihren Energieverbrauch, wie das folgende Bild zeigt.

Links: Familie Müller lebte bisher zu viert in einem unsanierten Haus mit 120 m² Wohnfläche mit 70er-Jahre-Technik. Für Heizung und Warmwasser benötigte sie im Durchschnitt 20 kWh pro Person und Tag, oder 3000 Liter Heizöl pro Jahr. Im Keller steht eine Ölheizung, die die Energie aus dem Heizöl in Wärme umwandelt und so das Haus warm hält.
Rechts: Nach der Sanierung besitzt die Familie nun ein optimal gedämmtes Haus mit gut isolierenden Fenstern und effizientester Lüftungstechnik. Im sanierten Haus befindet sich nun auch keine Ölheizung mehr, sondern eine Wärmepumpe, die im Dachgeschoss verbaut wurde. Jetzt verbraucht Familie Müller nur noch 2,5 kWh pro Person und Tag für Heizung und Warmwasser (insgesamt 3650 kWh Strom im Jahr), benötigt also fast 90 % weniger Energie als vorher.

# Heizung: Einsparpotenzial bis 2045

Es gibt also eine ganze Reihe von Möglichkeiten, um auch in Zukunft im Winter in warmen und im Sommer in kühlen Häusern wohnen und arbeiten zu können. Doch was bedeutet das nun alles für unseren zukünftigen Energieverbrauch im Sektor Wärme? Wie könnte sich dieser verändern bis zum Jahr 2045? Konzentrieren wir uns hier vorerst auf die Wohngebäude, die den größten Teil der Gebäude ausmachen. Dasselbe gilt aber im Grunde analog für Nichtwohngebäude, also Büros, Fabrikhallen und öffentliche Gebäude.

Die Abschätzungen in diesem Buch zum möglichen deutschen Energieverbrauch im Jahr 2045 basieren auf den Forschungsergebnissen des Ariadne-Energiewendeprojekts, eines interdisziplinären Konsortiums, bestehend aus 26 der wichtigsten deutschen Universitäten und Forschungseinrichtungen, die tragfähige Optionen zur Gestaltung der Energiewende hierzulande untersuchen. Hierbei werden mögliche Szenarien aufgezeigt, wie Deutschland bis 2045 klimaneutral und unabhängig von fossilen Brennstoffen werden könnte. Das Ziel dabei sind konkrete Maßnahmen und Empfehlungen, um unsere Klimaziele effizient und sozial ausgewogen zu erreichen.

Wie bei jedem Blick in die Zukunft sind natürlich auch diese Zahlen mit Unsicherheiten behaftet. Dennoch sind fundierte Untersuchungen hilfreich, um ein Gefühl für die Größenordnungen zu bekommen und möglichst kompetent über mögliche Maßnahmen zu entscheiden.

Zum Thema Heizen sagt uns die Studie, dass wir voraussichtlich drei sehr große Entwicklungen sehen werden:

- Durch Sanierung des Häuserbestands wird unser Energiebedarf deutlich geringer.
- Durch Wärmepumpen heizen wir deutlich effizienter.
- Der Rest wird vor allem über Fernwärme und Geothermie gedeckt, ein wenig auch durch Holz, Wasserstoff und E-Fuels.

Insgesamt können wir in diesem Szenario unseren durchschnittlichen Energiebedarf für Heizen und Warmwasser in Deutschland um mehr als die Hälfte reduzieren, nämlich von 17 kWh auf 8 kWh pro Person und Tag im Jahr 2045. Darin sind dann sogar 2 kWh zusätzlicher Strombedarf für Wärmepumpen enthalten. Das ist zwar nicht so viel wie bei den Müllers, aber immerhin eine Einsparung von 9 kWh pro Person und Tag, also fast 10 Prozent unseres gesamten Energiebedarfs. Es lohnt sich also, den Sektor Wärme in Zukunft genau unter die Lupe zu nehmen. Hier gibt es großes Einsparpotenzial, ohne dass wir in Zukunft frieren müssten.

Entwicklung des deutschen Energieverbrauchs in kWh pro Person und Tag in einem realistischen Zukunftsszenario: In diesem Kapitel wurde gezeigt, dass der Energieaufwand für Heizung und Warmwasser von Privathaushalten bis 2045 um mehr als die Hälfte von 17 kWh auf 8 kWh pro Person und Tag fallen könnte. (Zahlen nach AG Energiebilanzen e. V. und Ariadne-Energiewendeprojekt)

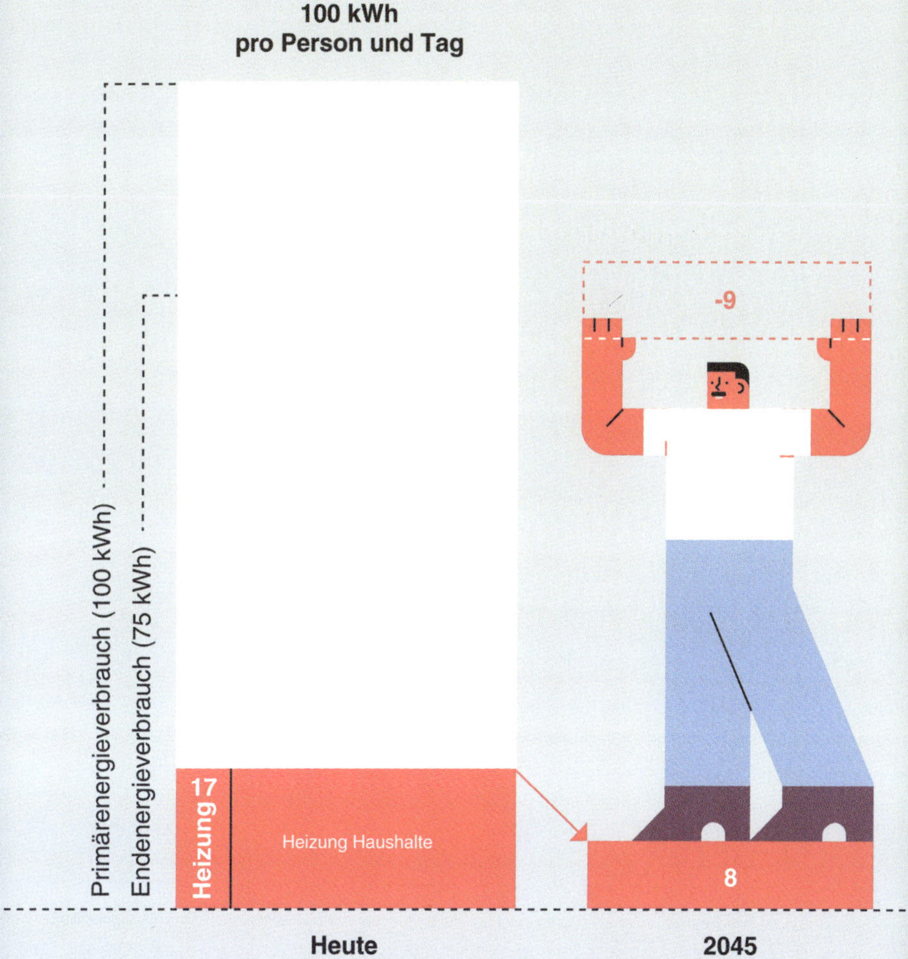

# Verkehr

Der Mensch ist gerne mobil. Aber nicht unbedingt zu Fuß, denn das strengt an, und man kommt nur langsam voran, und auch mit dem Fahrrad dauert es vielen zu lange. Lieber mögen wir es schnell, weit und bequem, also mit Bus und Bahn, mit dem Auto oder mit dem Flugzeug. Natürlich wird zu deren Betrieb Energie benötigt. Bisher haben wir die Energie für unsere Bewegungsfreiheit vor allem aus fossilen Quellen bezogen. Aber wie können wir auch in Zukunft mobil bleiben, ohne Öl, Gas und Kohle zu verbrennen?

# 04

Die Mobilitätswende ist in Deutschland ein großes Thema. Kein Wunder, denn heute haben im Schnitt sieben von zehn Menschen in Deutschland einen Führerschein, und auf sieben Menschen mit Führerschein kommen sechs PKW. Deutschland benötigt im Durchschnitt für den Personen- und den Güterverkehr zusammen pro Person und Tag 23 Kilowattstunden, also knapp ein Viertel des gesamten Energieverbrauchs! Und diese Energie ist Stand heute nahezu ausschließlich fossile Energie.

Die Krux dabei ist: Das kann nicht so bleiben, wenn Klimaziele erreicht werden sollen. Einerseits begrüßen wir neue Ideen und Konzepte für unsere Mobilität, auf der anderen Seite wollen wir nicht, dass sich allzu viel ändert, vor allem nicht beim Komfort und der Individualität der Fortbewegung, und schon gar nicht bei den Kosten.

## Der Verbrauch von Familie Müller

Unsere Familie Müller liegt hier wieder ungefähr im Durchschnitt.
Sie besitzt zwei Autos, einen Benziner für die Stadt und einen Diesel für längere Strecken. Sie fahren pro Jahr mit den beiden Autos zusammen 25 000 Kilometer. Ab und zu nutzen die Müllers auch den Zug, die Kinder fahren mit dem Bus zur Schule, und alle zwei Jahre fliegt die ganze Familie nach Gran Canaria. Eine Flugreise hin und zurück nach Gran Canaria bedeutet 1000 Liter Kerosin für die Familie. Hinzu kommt für die eingekauften Waren noch der Energieverbrauch für den Transport, was man gut auf der rechten Spur der Autobahn beobachten kann, die fast vollständig von LKW belegt wird.

Insgesamt entspricht das einem durchschnittlichen Energieverbrauch für jedes Familienmitglied von ca. 23 Kilowattstunden pro Person und Tag. Beruflich müssen die Eltern zum Glück keine größeren Strecken zurücklegen. Aber vor ein paar Jahren war die Familie in Brasilien, was mit 3000 Litern Kerosin zu Buche geschlagen hat. Das hat ihren Energiebedarf für Mobilität in diesem Jahr ungefähr verdoppelt!

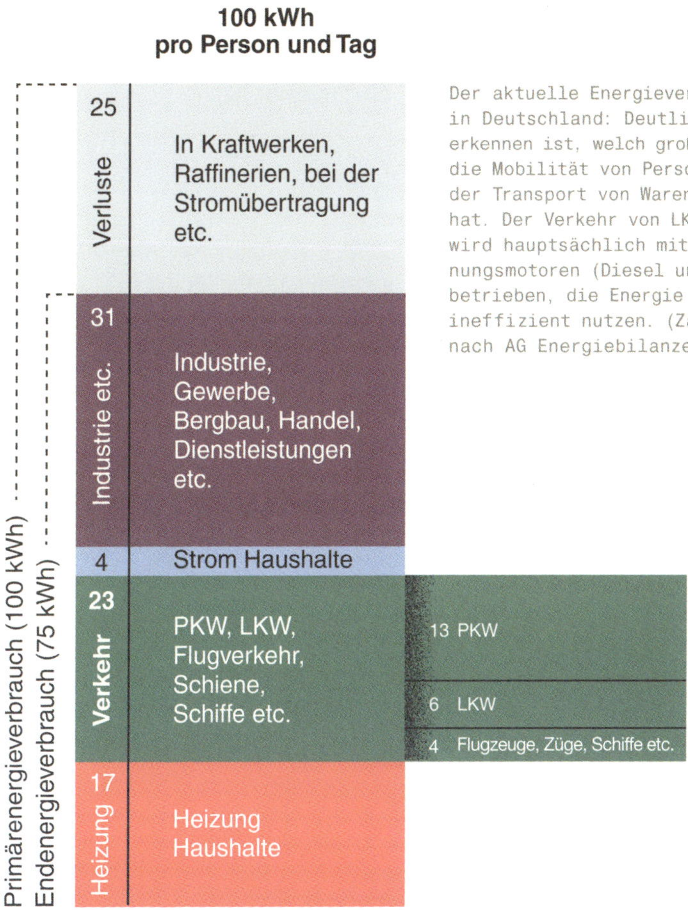


Der aktuelle Energieverbrauch in Deutschland: Deutlich zu erkennen ist, welch großen Anteil die Mobilität von Personen und der Transport von Waren daran hat. Der Verkehr von LKW und PKW wird hauptsächlich mit Verbrennungsmotoren (Diesel und Benzin) betrieben, die Energie nur sehr ineffizient nutzen. (Zahlen nach AG Energiebilanzen e. V.)

Ganz offensichtlich ist der moderne Lebensstil in Ländern wie Deutschland enorm energieaufwendig. Für die Abkehr von fossilen Energien im Verkehr gibt es aber nur drei Möglichkeiten:

- Erneuerbare Energien statt fossile Brennstoffe nutzen,
- etwas erfinden, das den Energieverbrauch deutlich senkt,
- oder auf Mobilität teilweise verzichten.

Im Verkehrssektor scheint die Wende besonders schwierig zu sein. Ein Blick in die Geschichte der Mobilität kann bei der Beantwortung der Frage vielleicht helfen, warum wir uns da so schwertun.

# Geschichte der Mobilität

Autos gibt es seit gut 100 Jahren. Seit damals ist technisch sehr viel passiert: Die modernen Motoren sind viel leistungsstärker als früher. Und trotzdem verbrauchen sie nicht mehr Treibstoff. Sondern sogar weniger. Dennoch ist der gesamte Kraftstoffbedarf verglichen mit dem Jahr 1960 nicht gefallen, sondern deutlich gestiegen, denn die Autos sind immer zahlreicher, größer und schwerer geworden. Zudem nutzen wir heute auch in PKW immer häufiger Klimaanlagen, die im Betrieb pro 100 Kilometer einen zusätzlichen Liter verbrauchen. Jedoch lässt sich der Kraftstoffbedarf durch technische Innovationen seitens der Hersteller kaum noch senken, man kann den Verbrennungsmotor mehr oder weniger als ausentwickelt betrachten. Doch wie war es früher?

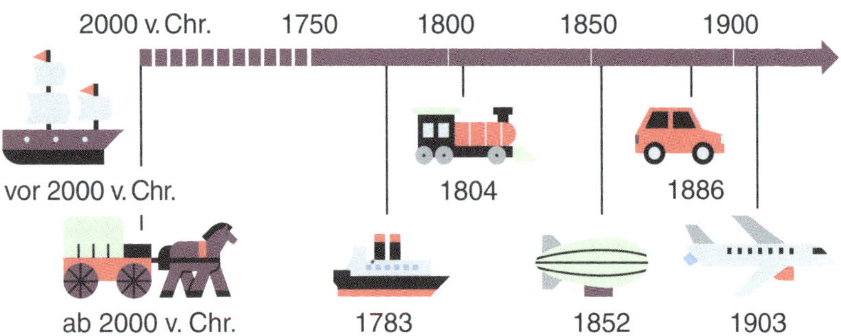


Bis vor gar nicht langer Zeit haben sich die meisten Menschen nur zu Fuß bewegt. Oft sind sie aus ihrem näheren Umkreis nie hinausgekommen. Das älteste Fortbewegungsmittel für lange Strecken ist das Schiff. Erst später kamen Pferde und Pferdewagen. Das erste Dampfschiff war 1783 und die erste Lokomotive 1804 unterwegs. Massenmobilität gibt es erst seit wenigen Jahrzehnten.

### Muskelkraft

Bis vor 200 Jahren gab es zur Fortbewegung neben den eigenen Füßen nur Pferde und Kutschen und dazu noch Schiffe. Pferde und Kutschen waren aber nicht alltäglich verfügbar, nur wenige reiche Menschen konnten sich das leisten. Warum eigentlich? Einerseits benötigt man Platz für den Stall und die Kutsche sowie für einen Futtervorrat.

Andererseits muss ein Pferd täglich versorgt werden, und es kostet neben der Zeit für seine Pflege auch noch beträchtlich viel Futter. Das Futter ist die Energiezufuhr. Denn wie auch Autos nicht von alleine fahren, benötigt auch das Pferd täglich Energie in seinem Tank. Für zwei Pferde benötigt man dafür ca. 1 Hektar Ackerfläche.

Pferde konnten sich nur die wenigsten Menschen halten, denn um zwei Pferde zu füttern, benötigt man etwa 1 Hektar Land, etwas mehr als ein Fußballfeld.

Bei längeren Reisen waren ein Stall und zusätzliche Fütterung außer Haus nötig. Solche Anforderungen waren für die meisten Menschen bis zum 18. Jahrhundert unerfüllbar, Mobilität war ein Luxusgut. Die meisten Menschen waren Fußgänger, sie legten pro Stunde ca. 4 Kilometer und damit am Tag höchstens 25 bis 30 Kilometer zurück, ohne großes und schweres Gepäck. Es gab zwar noch Kutschen mit Eseln, Ochsen und Kühen, aber auch die konnten nicht von vielen genutzt werden.

Der Bewegungsradius der Fußgänger begrenzte auch die Entfernung zum Arbeitsplatz, der sich meist sehr nah am Wohnort befand. Urlaub war ein Fremdwort, fast alle Menschen blieben auf ihren angestammten, überschaubaren Lebensraum beschränkt. Mobilität, so wie wir sie heute kennen, das Reisen in andere Länder, auf andere Kontinente, war nur einer äußerst kleinen Gruppe von Menschen möglich. Selbst Pilgerreisen als Form einer Fernreise über Distanzen von wenigen Hundert Kilometern (beziehungsweise im Ausnahmefall auch mal über 1000 Kilometer) waren für den Normalbürger zwar nicht ausgeschlossen, sie wurden aber, wenn überhaupt, nur wenige Male im Leben unternommen. Und natürlich fanden sie zu Fuß statt.

Zusammenfassend kann man sagen: Mobilität war bis vor relativ kurzer Zeit kein großes Thema, sie fand schlicht und ergreifend kaum statt.

## Die Kraft des Windes

Segelschiffe, angetrieben durch die Kraft des Windes, existieren seit mehreren Tausend Jahren. Sie wurden zunächst in Ägypten und anderen Hochkulturen und später weltweit zum Handel von Waren und zum Transport von Menschen genutzt. Schiffsreisen, nur um ferne Länder zu sehen, waren für den Normalbürger meistens undenkbar. In der Römerzeit kam dies im Mittelmeerraum gelegentlich vor, wie wir zum Beispiel im Neuen Testament von Paulus lesen. Die Mobilität war allerdings weltweit im Wesentlichen auf die Küstenregionen der Meere begrenzt.

Schifffahrt auf Flüssen und Strömen verlief flussabwärts meist problemlos. Doch wie kam man ohne Motor eigentlich gegen die Strömung an? Hier gab es vier Möglichkeiten. Erstens konnte man segeln, das klappte normalerweise nur bei breiten Flüssen. Zweitens konnte man rudern. Drittens konnte man das Schiff mit Seilen ziehen. Das nennt man treideln, was eine sehr schwere Arbeit war, die teilweise als Ersatzstrafe zur Todesstrafe verhängt wurde. Menschen und Tiere zogen von einem Treidelweg neben dem Fluss aus mit langen Seilen das Schiff gegen die Strömung. Und viertens konnte es sein, dass die Strömung zu stark war, um das Schiff gegen sie zu bewegen. Dann wurden für die Fahrt flussabwärts Flöße oder Einmalkähne gebaut, die nach Ankunft am Zielhafen demontiert wurden.

## Kohle und Dampf

Zu Beginn des 19. Jahrhunderts veränderte sich dank Dampfmaschine und Kohle als Brennstoff die Mobilitätslage radikal. Einerseits konnte man dank der Dampfmaschine Stahl für den Bau von Schienen und Eisenbahnen in großem Stil gewinnen. Und zur Fortbewegung montierte man Dampfmaschinen auf Räder. Diese Lokomotiven fuhren große Strecken über Hunderte Kilometer (oder eben solange die Kohle ausreichte), und das auch noch im wahrsten Sinne des Wortes „zügig". Steigungen konnten mit ihnen relativ leicht überwunden werden. Und zu Dampfschiffen wurden die neuen Lokomotiven auf dem Wasser. Mit großen Dampfmaschinen ausgestattet, kamen sie verlässlich ohne Wind voran, und so waren auch die Flüsse in beiden Richtungen mit großen Transportschiffen befahrbar.

Die Entwicklung von Schienen- und Schiffsverkehr zum Transport von Personen und Waren war ein gewaltiger Fortschritt. Von nun an konnten sich auch Normalbürger wenigstens ab und zu eine Reise leisten. Kein Wunder, dass die neuen Möglichkeiten eine große Euphorie auslösten. Bahnstrecken wurden europaweit in großer Geschwindigkeit ausgebaut und Flüsse umgestaltet und für die Schifffahrt optimiert.

Übrigens, die erste Eisenbahnstrecke der Welt wurde vor 200 Jahren, am 27. September 1825, in England eröffnet. In Deutschland hat es noch zehn Jahre länger gedauert, bis auf der Strecke Nürnberg-Fürth der erste Zug fuhr.

## Benzin, Diesel, Kerosin

Allerdings war man noch nicht beim Individualverkehr, der Zug fuhr nur zu bestimmten Zeiten und nur auf den existierenden Bahnstrecken. Man suchte eigentlich nach etwas anderem. Etwas Kleinerem, Individuellerem als große und schwere Dampfmaschinen, die mit manuell nachzuschaufelnder Kohle befeuert wurden. Und so begann die Zeit des Automobils mit kleinem Motor und Benzin als flüssigem Brennstoff. Benzin gab es zwar zunächst nur in Apotheken, doch schon bald gelang die Produktion im großen Maßstab, und Benzin – und später auch Diesel – konnte an den Zapfsäulen von Tankstellen eingefüllt werden. Der Weg des Automobils als Massenprodukt war bereitet.

Parallel zur Mobilität zu Lande und zu Wasser wurden Fluggeräte erfunden. Anfangs Zeppeline, die mit wenig Energie in der Luft fuhren, später Flugzeuge, die, mit kleinen Motoren oder Turbinen ausgestattet und mit Flugbenzin oder Kerosin betankt, sehr schnell fliegen konnten. Somit war auch der Luftraum erobert, zu zivilen und militärischen Zwecken.

## Wir sind weit gekommen!

Wir leben heute in einem Komfort, von dem unsere Vorfahren bis vor Kurzem nur träumen konnten. Wir haben uns so sehr an die Mobilität gewöhnt, dass wir uns ein Leben ohne sie gar nicht mehr vorstellen können und auf keinen Fall darauf verzichten werden.

Die Dampfmaschine und ihr Futtermittel, die Kohle, der Otto-Motor und sein Treibstoff, das Benzin, der Dieselmotor und – der Gipfel – das Düsentriebwerk der Flugzeuge und ihr Treibstoff, das Kerosin: All das waren Voraussetzungen für den Mobilitätsschub der letzten 200 Jahre. Immer höher wurde die Leistung der Motoren. Denn es gelang, die Energiedichte mit dem Übergang von der Kohle zum Benzin und zum Kerosin immer weiter zu erhöhen. In diesen Brennstoffen steckt die über Jahrmillionen gespeicherte Kraft der Erde, die alle Biomasse, die im Boden endete und verendete, veränderte und schließlich fossilisierte. Deshalb heißen Kohle, Öl und Gas auch fossile Energiequellen.

Die Entdeckung der fossilen Energien und die effiziente Nutzung durch die Dampfmaschine begannen im 18. Jahrhundert. Danach gab es nur noch eine Richtung für die Mobilität, sie wurde für alle greifbar. Dies und die Industrialisierung führten dazu, dass der Hunger nach fossiler Energie größer und größer wurde. Mit 100 Litern Diesel kann man ein 2 Tonnen (t) schweres Auto 1000 Kilometer bewegen und alle Steigungen unterwegs problemlos überwinden! Ein modernes großes Flugzeug wiegt beim Start in Frankfurt 400 t und landet in Los Angeles mit einem Gewicht von 300 t. Die 100 t Differenz resultieren aus dem verbrannten Kerosin (das bei der Verbrennung mit Sauerstoff zu über 300 t $CO_2$ und 100 t Wasser geworden ist).

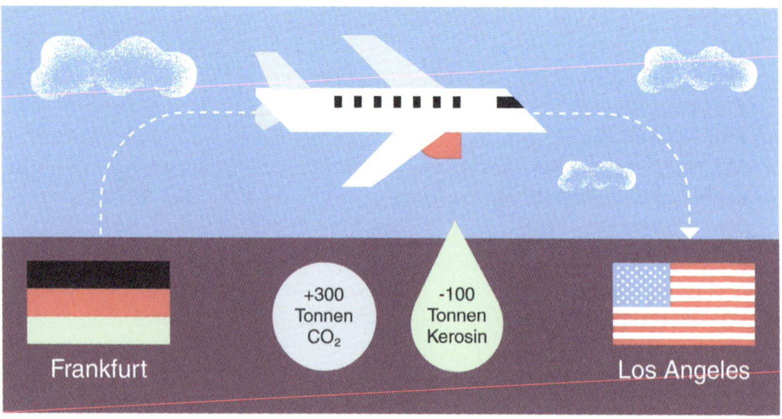


Bei einem Flug von Frankfurt nach Los Angeles werden rund 100 t Kerosin verbraucht. Durch die Verbrennung mit Sauerstoff werden aus 100 t Kerosin dann 300 t $CO_2$.

Übrigens, Sie können sich eine Faustregel für den Kerosinbedarf merken: Auf der Langstrecke benötigt ein Flugzeug ca. 4 Liter Kerosin pro 100 Kilometer und Fluggast. Für einen Flug mit 500 Passagieren über 6000 Kilometer Distanz werden somit ca. 120 000 Liter Kerosin, also ca. 100 Tonnen, benötigt.

Nach wie vor gilt, dass Mobilität fossil ist: Über 90 % der Energie für die Mobilität kommt aus Erdöl, etwa für PKW, LKW, Flugzeuge und Schiffe. Elektrisch betriebene PKW machen bisher mit nur knapp 4 % einen sehr geringen Anteil an allen PKW aus.

# Alternativen zu fossilen Treibstoffen

Wie wir gesehen haben, beruht Stand heute die Mobilität in Deutschland fast ausschließlich auf fossilen Treibstoffen. Benzin, Dieselkraftstoff und Kerosin für PKW, LKW, Schiffe und Flugzeuge werden aus fossilem Rohöl hergestellt, das zu fast 100 Prozent importiert werden muss. Um diese Abhängigkeit von Importen und den $CO_2$-Ausstoß bei der Verbrennung zu reduzieren, braucht es Alternativen. Welche gibt es? Das Überraschende ist: Diese Liste ist ziemlich kurz, und es ist sehr unwahrscheinlich, dass neue, gute Ideen sie verlängern könnten.

## E-Fuels

Es gibt die Möglichkeit, umweltfreundliche, also $CO_2$-neutrale Treibstoffe mithilfe von Strom herzustellen. Grundlage dafür ist Strom aus Erneuerbaren. Zusammen mit $CO_2$ aus der Atmosphäre, Wasser und einigen chemischen Zwischenschritten erhält man herkömmlichen Treibstoff. Man nennt das dann E-Fuels, manchmal wird auch von „synthetischen Treibstoffen“ gesprochen. Beim Verbrennen entsteht dann wieder genauso viel $CO_2$, wie vorher aus der Luft entnommen wurde.

Daher ist man insgesamt also $CO_2$-neutral, im Gegensatz zu den fossilen Treibstoffen, die zusätzliches $CO_2$ aus dem Boden in die Atmosphäre bringen. Es gibt dabei mehrere Vor- und Nachteile dieser Variante.

Die großen Vorteile sind, dass Flugzeughersteller die gleichen Flugzeuge und die Autohersteller weiter die gleichen Autos bauen könnten wie in der Vergangenheit. Und wir Konsumenten könnten weiter mit unseren alten Autos fahren und uns beim Neukauf zwischen den gleichen Modellen entscheiden wie bisher. Zudem könnten wir das Tankstellennetz unverändert nutzen. Auch das Betanken der Autos dauert gleich lang. Das wäre also sehr komfortabel.

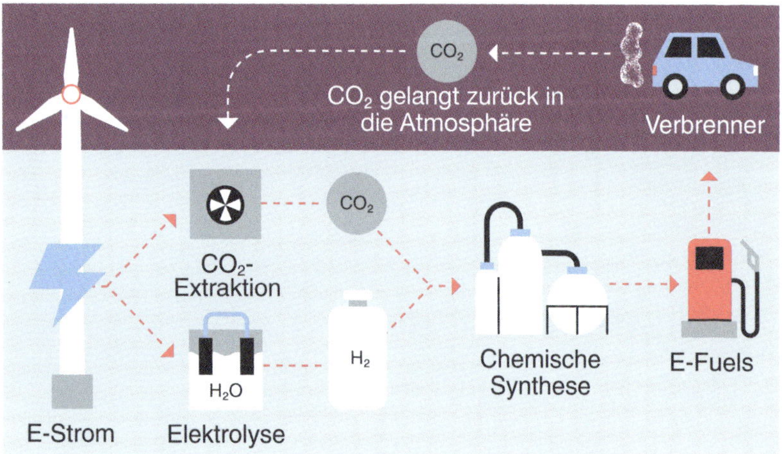


Die Produktion von E-Fuels ist ein aufwendiger technischer Prozess. Erneuerbarer Strom wird zum einen genutzt, um mithilfe der Elektrolyse aus Wasser ($H_2O$) grünen Wasserstoff ($H_2$) herzustellen, und zum anderen, um $CO_2$ aus der Luft zu extrahieren. Danach werden in weiteren großtechnischen Anlagen aus diesen beiden Zutaten synthetische Treibstoffe (in Form von Benzin, Diesel oder Kerosin) produziert.

Der große Nachteil ist allerdings, dass in der ganzen Umwandlungskette von erneuerbarem Strom bis zum E-Fuel und auch bei der anschließenden Verbrennung im Motor sehr viel Energie ungenutzt verloren geht und zudem zur E-Fuel-Produktion großtechnische Anlagen benötigt werden. Nutzen wir dieselbe Strommenge stattdessen direkt in einem Elektroauto, kann man ca. 5- bis 6-mal so weit fahren wie mit E-Fuels und spart sich zudem die großen Anlagen.

Warum ist das so? Zur Erzeugung von E-Fuels muss man im ersten Schritt mittels Strom Wasserstoff (aus Wasser) herstellen. Für den zweiten Schritt müssen wir $CO_2$ aus der Luft filtern, um dann im dritten Schritt aus Wasserstoff und $CO_2$ E-Fuels herzustellen, die sich kaum von Benzin, Diesel oder Kerosin unterscheiden.

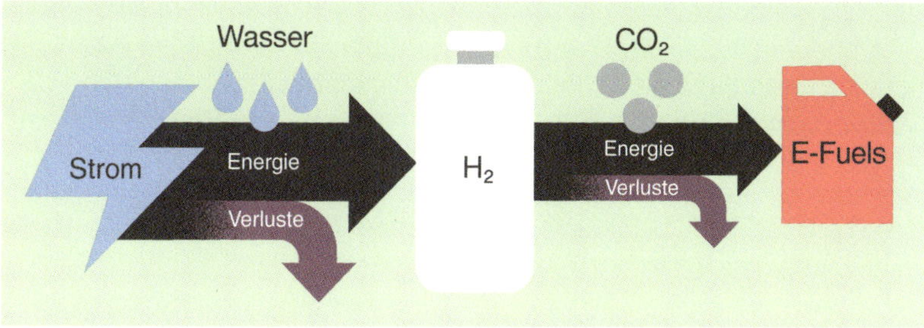


Die Energiebilanz der E-Fuels-Herstellung: Aus Strom und Wasser wird mithilfe der Elektrolyse Wasserstoff ($H_2$) produziert, wobei schon ein Teil der Energie verloren geht. Im zweiten Schritt, der Umwandlung von $H_2$ mit $CO_2$ in E-Fuels, geht noch mehr Energie verloren. Zudem muss $CO_2$ aus der Atmosphäre entnommen werden, was zusätzlich Energie kostet und technisch aufwendig ist. Am Schluss bleibt nur ein kleiner Teil der eingesetzten Energie im Treibstoff gespeichert.

Und dann gibt es noch einen weiteren entscheidenden Effekt, und das ist der Wirkungsgrad eines Verbrennungsmotors im Auto. Der Wirkungsgrad gibt an, wie effektiv der Motor die Energie nutzen kann. Bei einem Verbrennungsmotor liegt er bei höchstens 40 bis 50 Prozent, im realen Betrieb eines Autos mit ständig wechselnden Geschwindigkeiten im Durchschnitt aber eher bei nur 25 Prozent. Das heißt, 75 Prozent der Energie aus den E-Fuels verpufft ungenutzt als Wärme in die Umgebung, zusätzlich zu den schon hohen Verlusten bei der Produktion der E-Fuels. Ein Elektroauto hingegen nutzt die Energie zu ca. 70 Prozent, ist also viel effizienter.

Das bedeutet, dass man bei der E-Fuel-Variante ca. 5- bis 6-mal so viel Strom produzieren müsste wie für batterieelektrische Fahrzeuge, die Strom direkt nutzen. Es ist nicht realistisch, dass wir in Deutschland so viele Windräder oder Photovoltaikmodule aufbauen können. Eine Möglichkeit sind Importe, aber auch dann muss man – nur eben in anderen Ländern – große und teure Infrastrukturanlagen errichten und bezahlen und die E-Fuels noch weit transportieren. Man sollte auch erwähnen, dass es bisher weltweit nur kleine Versuchsanlagen für die E-Fuel-Produktion gibt und wir noch weit entfernt sind von einer Massenproduktion. Alle angekündigten Projekte bis 2035 würden nicht mal 0,4 Prozent des weltweiten Benzinbedarfs abdecken, wobei Diesel- und Heizölverbrauch noch gar nicht mitberücksichtigt sind.

### Wasserstoff für Verbrennungsmotoren

Möchte man sich zumindest den zweiten Schritt ersparen, der bei der E-Fuel-Produktion anfällt – die Verluste für die $CO_2$-Gewinnung aus der Atmosphäre –, kann man den grünen Wasserstoff auch direkt verwenden.

Den Wasserstoff könnte man zum Beispiel in einem leicht modifizierten Verbrennungsmotor direkt verbrennen, wobei sich an dessen niedrigem Wirkungsgrad dann nicht viel ändert. Und man benötigt einen Hochdrucktank, der 350 oder 700 bar aushalten kann, weil Wasserstoff ein Gas ist und bei normalem Druck viel Platz benötigt. Die Energiebilanz: Wie auch bei der E-Fuel-Variante benötigt man sehr viel mehr Strom für dieselbe Strecke als beim batterieelektrischen Auto, zwar nicht 5- bis 6-mal so viel, aber immerhin noch 3- bis 4-mal so viel.

## Wasserstoff für Brennstoffzellen

Alternativ kann man aus dem Wasserstoff mithilfe einer Brennstoffzelle im Auto elektrischen Strom generieren und einen Elektromotor nutzen. Man fährt dann quasi ein E-Auto, aber statt einer großen Batterie nutzt man Wasserstoff in Verbindung mit einer kleinen Batterie als Zwischenspeicher. Diese Technik ist typischerweise gemeint, wenn von einem „Wasserstoffauto" die Rede ist. Über diese wird öffentlich zwar viel diskutiert, doch sind Wasserstoffautos und Wasserstofftankstellen bisher nur vereinzelt zu finden. Auch hier benötigen wir grob 3-mal so viel Strom wie für batterieelektrische Autos für dieselbe Fahrstrecke.

Zum anderen gibt es bisher – ähnlich wie bei E-Fuels – noch fast keinen grünen Wasserstoff, und zuerst sollte man damit die Industrie bedienen, die einen sehr hohen Bedarf hat. Auch das bestehende Tankstellennetz könnte man nicht einfach so nutzen, sondern es müsste aufwendig umgerüstet werden.

## E-Autos

Eine weitere Alternative zu fossil betriebenen Autos ist das schon erwähnte batterieelektrische Fahrzeug. Diese Variante ist uns allen geläufig, das ist das typische Elektroauto. Die Batterien haben eine Kapazität von normalerweise 20 bis 100 Kilowattstunden. Das entspricht einer Reichweite von ca. 100 bis 600 Kilometern. Das Gewicht einer solchen Batterie beträgt grob 100 bis 600 Kilogramm. Über die benötigten Ressourcen sprechen wir noch weiter unten.

Der größte Vorteil ist, wie schon angesprochen, die effiziente Nutzung der Energie in einem solchen Elektroauto. Grob 70 Prozent des Stromes aus der Steckdose werden für den Antrieb genutzt, der Rest geht beim Laden der Batterie und im Elektromotor verloren. Damit ist der Wirkungsgrad so hoch wie bei keiner anderen Option.

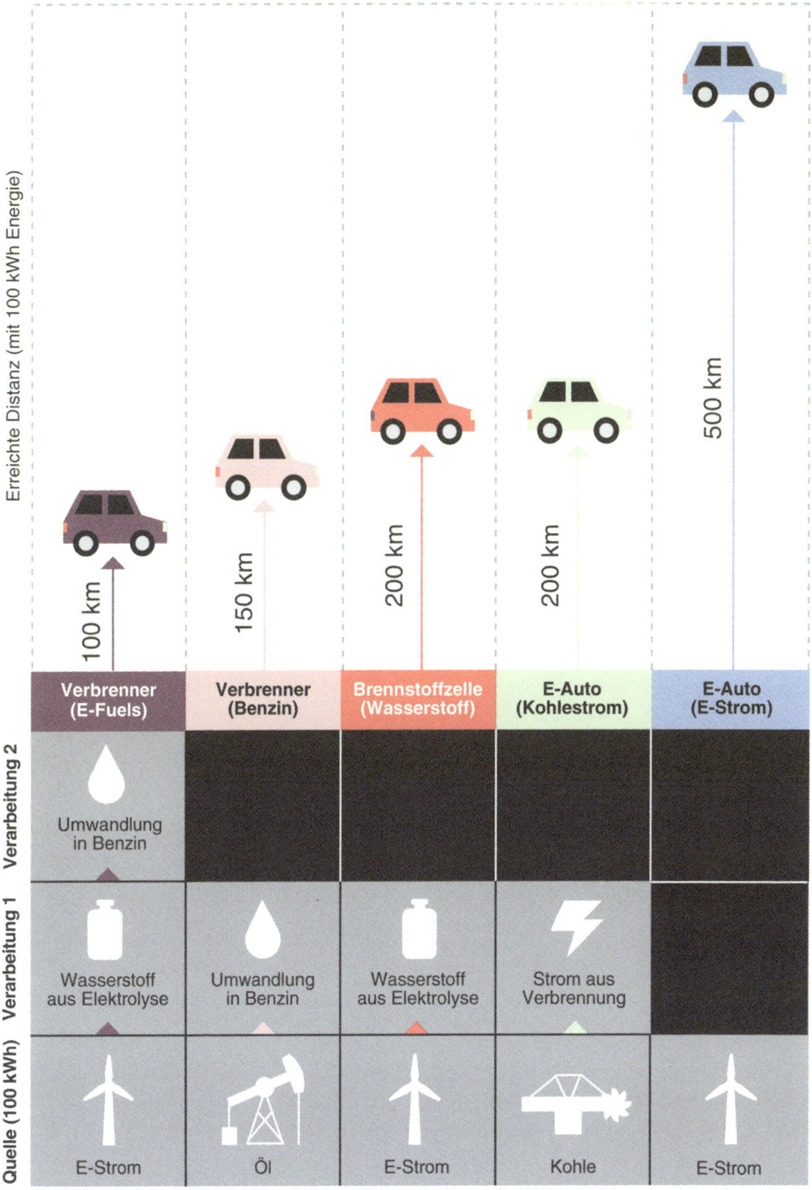


Wie weit kommen wir mit 100 kWh? Das hängt von der Art des Autos ab. Am besten nutzt man 100 kWh Strom aus Erneuerbaren (E-Strom) direkt ohne Umwege, dann kommen wir ca. 500 km weit. Bei Wasserstoff und E-Fuels sinkt die Reichweite deutlich, denn viel Energie geht in den Umwandlungsschritten verloren. Nutzen wir Benzin, dann müssen wir 10 l Rohöl mit 100 kWh Energiegehalt einsetzen und in Benzin umwandeln und kommen damit 100 bis 150 km weit. Nehmen wir für ein E-Auto nur Kohlestrom, kommen wir mit 12 kg Kohle, die 100 kWh Energie enthalten, ca. 200 km weit.

Wie für alle anderen genannten Varianten gilt aber auch hier: $CO_2$-neutral ist die Nutzung nur dann, wenn der Strom aus erneuerbaren Quellen kommt. Das ist beim E-Auto wegen der hohen Effizienz einfacher zu erreichen als bei den Varianten E-Fuels und Wasserstoff, weil es weniger Strom benötigt. Insbesondere wenn Sie eine eigene Photovoltaikanlage haben, können Sie den Strom direkt für Ihre Mobilität nutzen. Das geht bei E-Fuels gar nicht und bei Wasserstoff nur mit großem Aufwand. Allgemein kommen in Deutschland, wie bereits erwähnt, mittlerweile 60 Prozent des Stroms aus erneuerbaren Quellen.

Es gibt aber auch klare Nachteile der Batterietechnik: Zum einen sind die Tankzeiten länger als bei den anderen Varianten. Es existieren zwar Überlegungen, ob man nicht die komplette Batterie beim „Tanken“ tauschen könnte, also eine leere Batterie im Auto gegen eine volle an der Tankstelle. Aber so ein System hat sich bisher nicht durchgesetzt. Die Batterien sind im gesamten Auto verbaut und nicht so einfach zu tauschen. Zudem würde ein Industriestandard benötigt. Außerdem sind die Ladeleistungen mittlerweile so hoch, dass die Ladezeit an der Autobahn meist nur noch 10 bis 20 Minuten beträgt.

Ein weiterer Nachteil von E-Autos ist, dass die Reichweite mit einer „Tankfüllung“ kleiner ist, man also etwas öfter stoppen muss bei langen Fahrten. Zudem muss beim Tanken die benötigte Energie gleichzeitig an anderer Stelle ins Stromnetz eingespeist werden, wenn es nicht genügend Stromspeicher im Netz gibt. Bei der Wasserstoffvariante hingegen gibt es diese simultane Koppelung nicht, und man hat eine zeitliche Pufferung. Das hilft, Schwankungen in der Stromproduktion durch Wind und Sonne auszugleichen.

Dagegen hat sich bei den Preisen für E-Autos sehr viel getan. Neuwagen sind mittlerweile kaum noch teurer als Verbrennerautos derselben Klasse. Vor allem über die Lebenszeit gerechnet sind sie meist günstiger als vergleichbare Verbrenner.

## Schiffe und Flugzeuge

Generell gilt das Gesagte auch für alle anderen Fortbewegungsmittel. Für Schiffe auf langen Strecken scheidet allerdings die batterieelektrische Lösung wegen ihres Gewichts und Volumens aus, man müsste ja zum Beispiel für eine Woche Dauerbetrieb tanken. Lediglich für Fähren und andere Schiffe auf Kurzstrecken bleibt die Batterie eine mögliche Lösung. Ansonsten gibt es insbesondere bei Schiffen noch Methanol und Ammoniak als Varianten der E-Fuels.

Um Methanol und Ammoniak herzustellen, ist der erste Schritt wie bei E-Fuels die Produktion von grünem Wasserstoff. Für den zweiten Schritt der Methanolproduktion benötigt man – wie bei den E-Fuels – $CO_2$. Ammoniak hingegen benötigt kein $CO_2$, sondern Stickstoff, der reichlich in der normalen Umgebungsluft vorhanden ist. Ammoniak ist aber ein giftiger Stoff, der nicht unkontrolliert austreten darf. Wie bei

E-Fuels wird es noch lange dauern, bis der weltweite Bedarf für die Schifffahrt mit synthetischen Treibstoffen gedeckt werden kann.

Und bei Flugzeugen ist es ähnlich wie bei den Schiffen. Batterielösungen sind nur für kleine Maschinen und kurze Strecken eine Option. Für einen Jumbo mit 500 Passagieren von Frankfurt nach Los Angeles wäre die Batterie viel zu groß und viel zu schwer.

Übrigens, man kann Biodiesel auch aus Altfett aus unseren Küchen und Restaurants herstellen. Aber das gesamte anfallende Altfett in Deutschland würde gerade mal für 1 Liter pro Person und Jahr reichen.

### Fazit

Das sind also die Alternativen zu unserer heutigen fossilen Mobilität: E-Fuels, Wasserstoffverbrenner, Wasserstoff-Brennstoffzelle und batterieelektrische Fahrzeuge. Es gibt im Grunde nur diese vier Möglichkeiten. Zwischen diesen müssen wir uns entscheiden, wenn wir auf fossile Treibstoffe verzichten wollen.

## Gibt es genügend Strom und Ressourcen?

Eine wichtige Frage aber bleibt: Wenn wir in Zukunft auf die effizienteste Technik in Form der batterieelektrischen Autos umstellen würden, könnten wir dann den zusätzlichen Strombedarf dafür überhaupt decken? Falls nicht, würde der Strom für E-Fuels und Wasserstoff ja ohnehin nicht reichen.

Schauen wir uns die Zahlen an. Wenn wir alle 50 Millionen PKW in Deutschland auf E-Mobilität umstellen wollen, dann benötigen wir 20–25 Prozent mehr Strom, als wir heute in Deutschland verbrauchen. Ist das viel oder wenig? Die Antwort darauf lautet: „Beides." Es ist eine Herausforderung, aber durchaus machbar. Wollen wir auch noch die LKW auf batterieelektrischen Antrieb umstellen, erhöht sich der Strombedarf um weitere 10–15 Prozent. Genauer diskutieren wir dieses Thema noch in Kapitel 9. Für die E-Fuels- und Wasserstoffvarianten wäre allerdings ein Vielfaches davon nötig, was in Deutschland mit erneuerbaren Energien nicht darstellbar ist. Eventuell mit Importen aus anderen Weltregionen, aber der Aufwand ist enorm, und Regionen wie der Nahe Osten, Kanada oder Australien müssen in großem Stil Kapazitäten hierfür aufbauen.

Ein paar Anlagen würden bei Weitem nicht reichen. Es geht ja nicht nur um die Mobilität hierzulande, die umgestellt werden soll.

Ein weiterer Diskussionspunkt sind auch die benötigten Ressourcen. Grundsätzlich bringt jeder Individualverkehr, also schwere Fahrzeuge für wenige Personen (die zudem noch meist parken und nicht fahren), einen großen Ressourcenverbrauch mit sich, unabhängig von der Antriebstechnik. Zum Beispiel benötigt ein Verbrennerauto rund 30 000 Kilogramm Erdöl für den Betrieb in seiner Lebenszeit, die aus dem Boden geholt, raffiniert und transportiert werden müssen.

Bei den Elektroautos geben dagegen vor allem die Materialien für die Batterie Anlass zu Diskussionen, zum Beispiel Lithium, Kobalt, Nickel und Mangan, die pro Fahrzeug jeweils in Mengen von 5–15 Kilogramm für die Lebenszeit eines E-Autos benötigt werden. Auch für die Produktion von Photovoltaikpaneelen und Windturbinen, die den Strom für E-Autos liefern, werden Ressourcen benötigt. Interessanterweise ist aber vor allem der Wasserverbrauch bei der Lithiumgewinnung in die Schlagzeilen geraten, obwohl dieser für Kaffee-, Fleisch- und Avocadoproduktion schon für kleine Mengen höher ist und wenig öffentliche Beachtung findet.

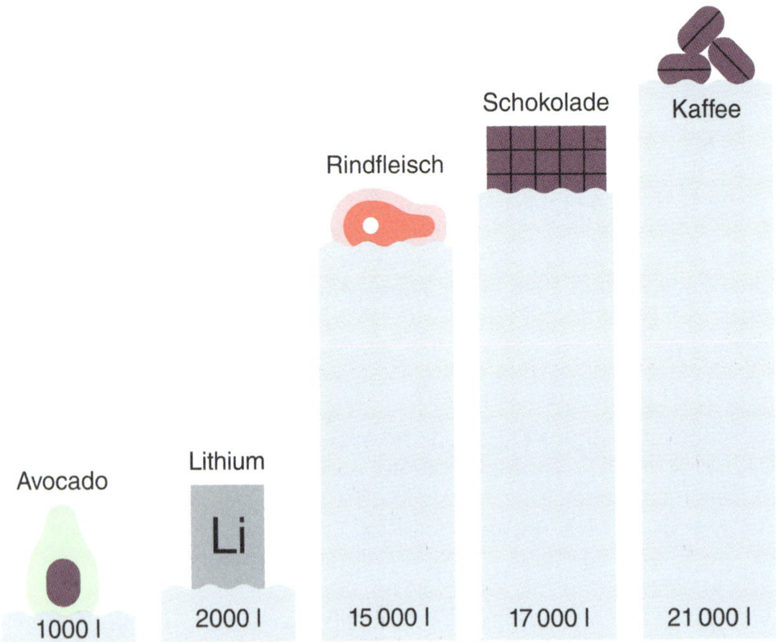


Unser moderner Lebensstil benötigt vor allem viel Wasser, häufig in eigentlich wasserarmen Regionen. Das Bild zeigt den groben Wasserverbrauch in Litern in der Produktion von 1 kg des genannten Produkts. Wenn man berücksichtigt, dass für ein Elektroauto einmalig grob 5–10 kg Lithium benötigt werden, sieht man, dass 1 kg Kaffee oder Schokolade in etwa gleich viel Wasserverbrauch verursachen.

Die Entwicklung der Batterietechnologie weltweit ist zudem rasant. Es gibt viele neue Technologien, die teilweise oder ganz auf kritische Materialien verzichten, zum Beispiel die Lithium-Eisen-Phosphat-Batterie, die auf Kobalt, Nickel und Mangan verzichtet, oder die Natrium-Batterie, die außerdem ohne Lithium auskommt. Dennoch werden Ressourcenmanagement und Recycling in Zukunft generell eine größere Rolle spielen, insbesondere wenn der Lebensstandard weltweit steigt und der Individualverkehr zunimmt. Aber gerade die Energieeffizienz wird dabei eine zentrale Rolle spielen.

Übrigens, die Produktion von Benzin und Diesel kostet auch Energie. Der Prozess von Rohölgewinnung, Transport und Raffinierung benötigt ca. 20 Prozent der im Rohöl gespeicherten Energie. Mehr dazu in Kapitel 7.

## Alternative Mobilitätskonzepte

Generell ist also der Ressourcenverbrauch für unseren modernen Lebensstil sehr hoch. Das gilt für alle Bereiche unseres Lebens, insbesondere aber für den Individualverkehr.

Alternative Mobilitätskonzepte könnten den Energie- und Ressourcenverbrauch deutlich reduzieren, viel besser als alle oben erwähnten Varianten. Insbesondere zählt hierzu das Umsteigen auf Fahrräder und öffentliche Verkehrsmittel. Aber auch Car-Sharing-Modelle, Mitfahrmodelle, reduzierter Verkehr in Innenstädten und bessere Fahrradinfrastruktur sind hilfreich. Insgesamt sollte es das Ziel sein, die Anzahl der PKW und LKW zu reduzieren. Insbesondere in den urbanen Gebieten gibt es hierzu gute Voraussetzungen. Beim Fliegen wird es allerdings deutlich schwieriger, hier fehlen bisher die Alternativen.

In Deutschland kommen auf 83 Millionen Einwohner rund 50 Millionen zugelassene PKW. Ein privater PKW parkt dabei im Schnitt 23 h pro Tag, wird also 95 % seiner Lebenszeit gar nicht genutzt.

# Was macht Familie Müller?

Nach genauer Recherche hat Familie Müller festgestellt, dass neben der Heizung die Mobilität der zweitgrößte Hebel bei der Reduktion ihres Energieverbrauchs ist. Sie hat daher entschieden, den kleineren Benziner für den Stadtverkehr zu verkaufen und dafür vermehrt öffentliche Verkehrsmittel und Fahrräder zu nutzen. Neben Energie spart dies auch Ressourcen. Insgesamt entspricht das 10 000 Kilometer weniger Autofahrten pro Jahr, was einer Einsparung von 5 Kilowattstunden pro Tag pro Person entspricht.

Zusätzlich hat die Familie entschieden, nach Ablauf der Leasingfrist in einem Jahr den Diesel gegen ein E-Auto einzutauschen, das zwei Drittel weniger Energie benötigt. Bei ihrer restlichen Fahrleistung von 15 000 Kilometern im Jahr bringt die Einsparung nochmals 4–5 Kilowattstunden pro Tag pro Person. Zudem wird es günstiger, weil Familie Müller für das E-Auto den PV-Strom vom eigenen Dach nutzen kann.

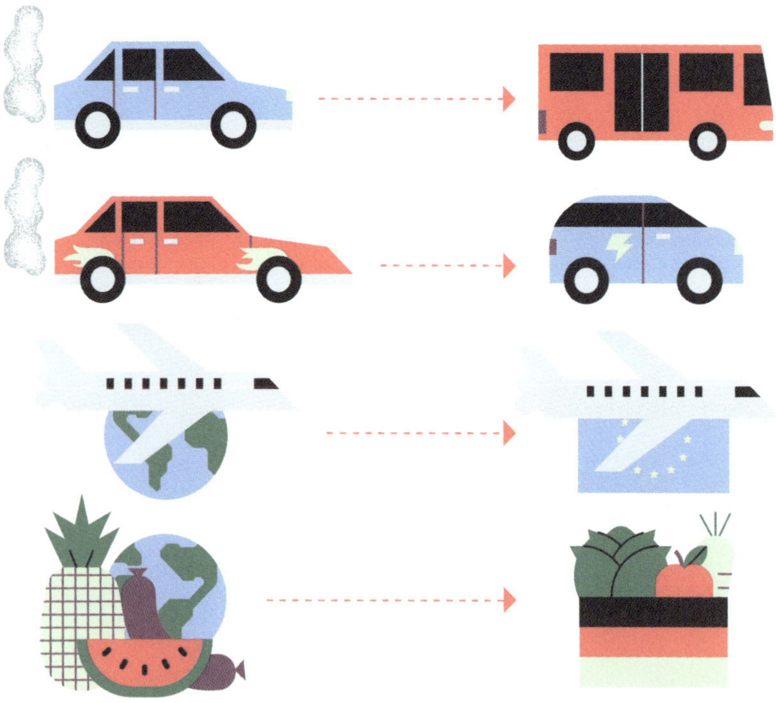

Aus zwei mach eins: Den kleinen Benziner möchte Familie Müller verkaufen und stattdessen öffentliche Verkehrsmittel benutzen und später den Diesel gegen ein Elektroauto tauschen. Zudem möchte die Familie vorerst nur in Europa Urlaub machen und vermehrt regionale Produkte ohne lange Anfahrtswege einkaufen.

Auf den Urlaubsflug alle zwei Jahre will Familie Müller allerdings nicht verzichten, sie möchte ihn aber vorerst auf Europa beschränken. Auch der Energieverbrauch für den Transport von Waren und Lebensmitteln, die Familie Müller benötigt, soll ein wenig reduziert werden. Dafür nehmen sich die Müllers vor, vermehrt regionale Produkte zu kaufen und unnötige Dinge öfter auch mal ganz wegzulassen. Sie schätzen, dass sie hier nochmals 1 Kilowattstunde pro Tag pro Person einsparen könnten, auch wenn das für sie nicht einfach zu berechnen ist.

Insgesamt sparen die Müllers durch diese Maßnahmen über 40 Prozent ihres Energieverbrauchs für Mobilität ein, statt 23 kWh pro Tag pro Person benötigt die Familie nun nur noch 13 kWh.

# Verkehr: Einsparpotenzial bis 2045

Neben Heizung ist Mobilität der größte Einzelposten beim privaten Energieverbrauch. Änderungen zeigen sofort Wirkung: Wenn man das Auto stehen lässt und stattdessen mit Bus oder Bahn fährt, wird direkt weniger Benzin verbraucht. Oder man nutzt Fahrgemeinschaften, um statt mit durchschnittlich 1,5 Personen das Auto mit 2 oder 3 Personen besser auszulasten. Dies macht uns auch unabhängiger, denn gerade beim Erdöl sind wir fast zu 100 Prozent auf Importe angewiesen.

Aber die meisten Menschen wollen nicht auf den Komfort eines eigenen Autos verzichten. Es steht immer bereit, und im eigenen Wagen ist man ungestört, es ist angenehm warm oder kühl, und man hört seine eigene Musik. Aber man könnte prüfen, ob man in der Familie vielleicht nicht doch mit einem Wagen weniger auskommt. Und bei der Wahl des Arbeitsplatzes hat man einen großen Hebel, wenn dieser nicht zu weit entfernt ist und mit öffentlichen Verkehrsmitteln erreicht werden kann.

Daneben ist die Frage der Antriebstechnik entscheidend. Batterieelektrische Autos sind von allen Optionen im Individualverkehr die effizienteste Variante, auch über den gesamten Lebenszyklus betrachtet. Die Geschichte zeigt übrigens, dass sich langfristig immer die effizienteste Technik durchsetzt. In diese Richtung gehen auch die Prognosen des Ariadne-Energiewendeprojekts für Deutschland:

- Der PKW-Bestand wird bis 2045 noch leicht steigen, ebenso die gefahrenen Kilometer.
- Batterieelektrische Fahrzeuge werden den Bestand dominieren, und damit wird der Energieverbrauch deutlich sinken. Der Strombedarf wird entsprechend steigen.
- Das Transportvolumen von Waren steigt bis 2045 um ein Viertel, zum Teil auf der Schiene, aber vor allem auf der Straße.
- Die Antriebstechnik für LKW ist noch nicht ganz entschieden. Infrage kommen hier batterieelektrische oder Wasserstoffantriebe. Auch hier wird der Energieverbrauch durch die neuen Techniken voraussichtlich deutlich sinken.

Insgesamt könnten wir in dem Zukunftsszenario den Energieverbrauch von Mobilität knapp halbieren, von heute 23 kWh pro Person und Tag auf zukünftig 13 kWh im Jahr 2045. Damit sparen wir ca. 10 Prozent unseres heutigen Gesamtenergieverbrauchs, ähnlich wie im Bereich Heizung. Und das, ohne dass wir auf unser geliebtes Auto verzichten müssten, sondern vor allem durch den Wechsel der Antriebstechnik.

Entwicklung des deutschen Energieverbrauchs in kWh pro Person und Tag in einem realistischen Zukunftsszenario: In diesem Kapitel ging es um unsere Mobilität und den Transport von Waren. Der Energieverbrauch hierfür könnte laut diesem Szenario bis 2045 von 23 kWh auf 13 kWh pro Person und Tag trotz mehr gefahrener Kilometer und einer Zunahme des Warentransports fallen. (Zahlen nach AG Energiebilanzen e.V. und Ariadne-Energiewendeprojekt)

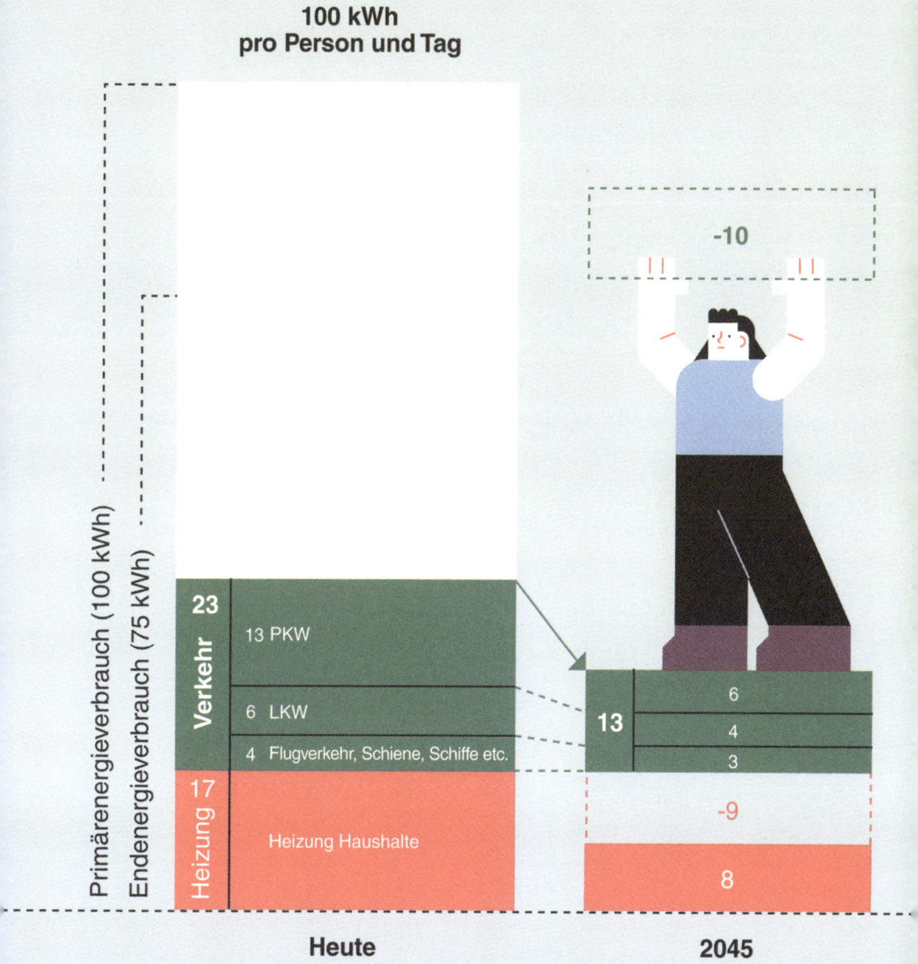

# Strom im Haushalt

Ohne Strom funktioniert heute kaum noch ein Gerät, das wir im Alltag zu Hause benutzen. Viele Geräte haben zwar einen Akku, aber spätestens wenn dieser leer ist, benötigen wir wieder Strom aus der Steckdose, damit es weitergeht.
Auch außerhalb des Privathaushalts gibt es viele Stromverbraucher, zum Beispiel die Straßenbeleuchtung oder die Industrie, doch in diesem Kapitel wollen wir uns auf den Stromverbrauch zu Hause konzentrieren. Was gilt es bei diesem Thema im Haushalt zu beachten, wie viel Strom benötigen wir, und gibt es hier sinnvolles Einsparpotenzial?

# Strom ist allgegenwärtig – und doch wird der Verbrauch überschätzt

Energie konsumieren wir in vielen Formen, eine davon ist, neben Heizöl, Gas und Benzin, der Strom. Aber Strom ist der Teil des Energieverbrauchs in unserem Leben, den wir täglich an vielen Stellen selbst kontrollieren, weshalb wir diesen Teil ganz bewusst wahrnehmen. Wir wachen auf und suchen die Taste am Wecker, um den Alarm abzustellen. Und schon hatten wir das erste Mal Kontakt mit einem Verbraucher, der seine Energie aus der Steckdose bezieht. Wir schalten das Licht an, gehen in die Küche, öffnen den Kühlschrank, kochen Kaffee, toasten ein Stück Brot, nutzen das Smartphone, und und und … Immer wird elektrische Energie genutzt und verbraucht. Der elektrische Strom ist der „Stoff, der die moderne Welt antreibt".

Wie wichtig Strom im Alltag und der Industrie ist, zeigt sich darin, dass bei einem Stromausfall fast nichts mehr funktioniert. Und die Gefahr eines langen Blackouts – wie im April 2025 in Spanien – beunruhigt uns, denn das wäre eine Katastrophe, die wir auf keinen Fall erleben wollen. Gerade weil wir so viele elektrisch betriebene Geräte ständig nutzen, überschätzen viele Menschen den Anteil von elektrischer Energie an unserem gesamten Energieverbrauch. Haben wir nicht alle schon mal die Nachricht „Im letzten Jahr betrug der Anteil von Erneuerbaren an der Stromproduktion schon 60 Prozent" gehört und dann, zumindest für einen kurzen Moment, fälschlich geglaubt, dass die Erneuerbaren jetzt 60 Prozent unseres Energieverbrauchs ausmachen? Man muss schon ganz genau zuhören, um zu verstehen, dass die Erneuerbaren zwar einen Anteil von 60 Prozent an der Stromproduktion haben, aber nur von 20 Prozent am Energieverbrauch insgesamt.

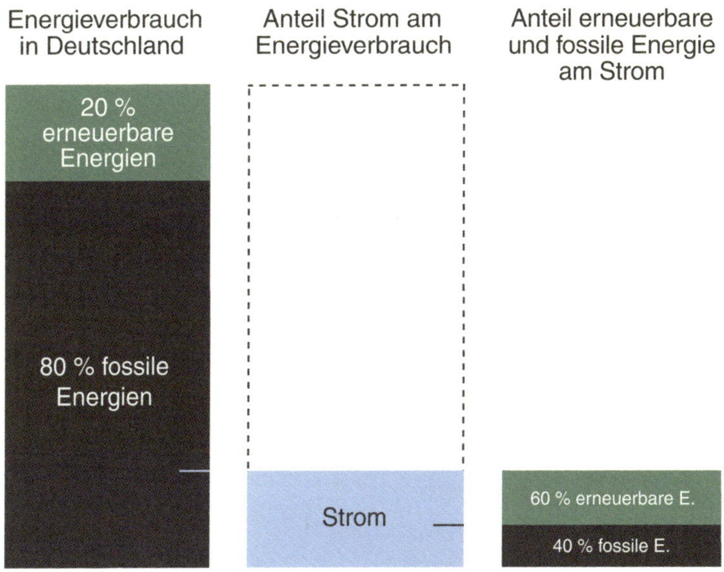


Insgesamt haben erneuerbare Energien an unserer Primärenergiebereitstellung erst einen Anteil von ca. 20 % (linke Säule). Beim Strom sind wir da schon weiter: 60 % davon kommen aus erneuerbaren Quellen (rechte Säule). Allerdings nutzen wir nur einen kleinen Teil unserer Energie in Form von Strom. Die meiste Energie verbrauchen wir direkt durch Verbrennung von Öl und Gas. (Zahlen nach AG Energiebilanzen e. V.)

Wie erklären sich diese unterschiedlichen Anteile? In der Bilanz auf der nächsten Seite sehen wir, dass weniger als 20 Prozent, also nur knapp ein Fünftel der in Deutschland verbrauchten Energie, in Form von Strom genutzt wird. Für den großen Rest – Heizen, Autofahren, Fliegen, aber auch die meisten Industrieprozesse – werden vor allem fossile Brennstoffe genutzt, also Erdöl, Benzin, Diesel, Kerosin, Heizöl und Erdgas. Das ist für viele eine Überraschung, aber es geht noch weiter: Nur ungefähr ein Drittel des Stromverbrauchs entfällt auf die Privathaushalte, der Rest, also zwei Drittel, auf andere Bereiche wie etwa die Industrie.

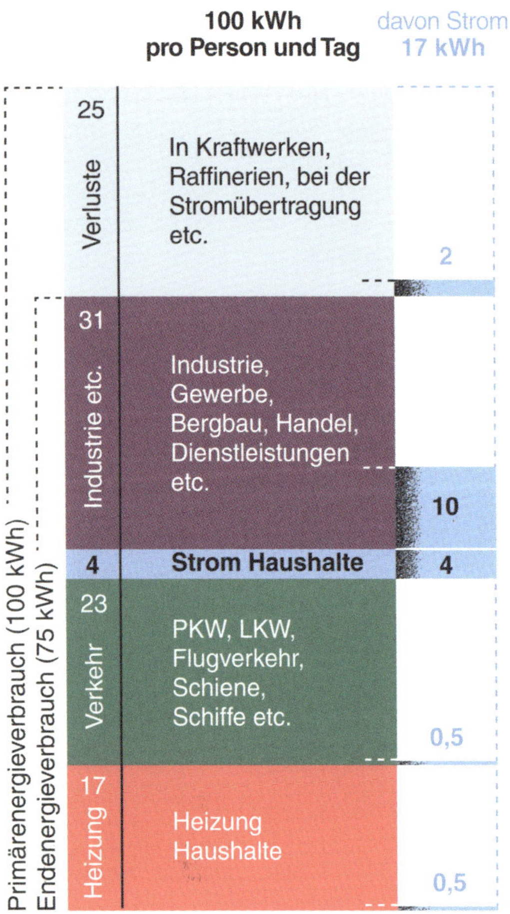


Links die bekannte Aufteilung unseres Energieverbrauchs in die einzelnen Sektoren. Nur ein kleiner Teil davon wird in Form von Strom verbraucht (rechte Säule), in Summe 17 kWh pro Person und Tag. Der Stromverbrauch im Haushalt (inklusive ein wenig Strom für Heizung) beträgt sogar nur 4,5 kWh pro Person und Tag. Die restliche Energie wird zum Großteil durch die Verbrennung von fossilen Brennstoffen bereitgestellt: Erdöl, Benzin, Diesel, Kerosin, Heizöl und Erdgas. (Zahlen nach AG Energiebilanzen e. V.)

Das heißt: Nur gut 4 Kilowattstunden pro Person und Tag beträgt der Strombedarf der Privathaushalte, also der Teil unseres Energieverbrauchs, zu dem wir eine direkte Verbindung haben und den wir als Privatpersonen direkt beeinflussen können. Das sind noch nicht einmal 5 Prozent des Gesamtenergiebedarfs. Die restlichen 96 Kilowattstunden nehmen wir nur beiläufig wahr, und wir haben oft keinen Bezug dazu. Abgesehen vom Benzinverbrauch beim Autofahren, wo wir jedes Mal nach dem Tanken erleben, dass wir 50 bis 100 Euro für eine Tankfüllung ausgeben müssen.

# Wie nutzen wir heute den Strom im Privathaushalt?

Wie würden Sie zu Hause intuitiv die Stromverbraucher der Größe nach sortieren? Also Beleuchtung, Computer, TV und Co., Kühl- und Gefrierschrank, Klimaanlage, Backofen und Herd, Warmwasser und Heizung, Waschmaschine und Wäschetrockner?

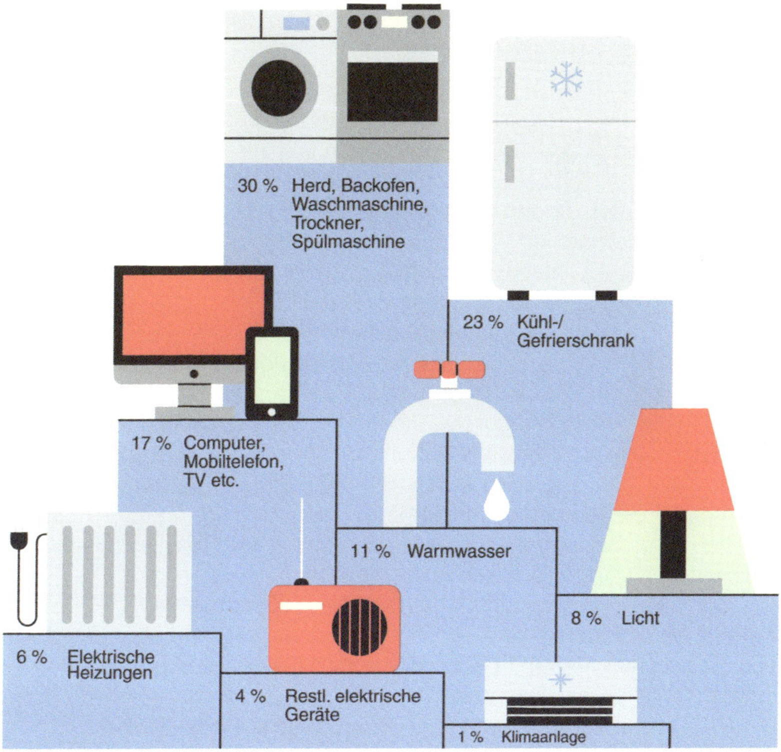


Die grobe Aufteilung des Stromverbrauchs in deutschen Haushalten. Verblüffend ist vielleicht, dass Klimaanlagen mit 1 % in Deutschland bisher fast keine Rolle spielen. Einen bemerkenswert großen Anteil nehmen dagegen Kühl- und Gefrierschränke (23 %) und natürlich alle anderen elektrischen Haushaltsgeräte (30 %) ein.

Die korrekte Reihenfolge bei Ihnen zu Hause können wir Ihnen leider nicht verraten. Denn es macht einen großen Unterschied, ob im Sommer eine Klimaanlage mit Zieltemperatur 18 °C betrieben wird oder ob gar keine Klimaanlage im Haus ist. Außerdem wird auf sehr unterschiedliche

Weise Warmwasser bereitgestellt: vielleicht mit einem Boiler oder Durchlauferhitzer, oder eine Solaranlage oder eine Ölheizung liefert das Warmwasser. Zuletzt ist noch zu klären, ob Elektroradiatoren, eine Wärmepumpe oder eine Gasheizung für Wärme im Haus sorgt. Immerhin können wir die durchschnittlichen Werte in Deutschland angeben, wie in der Grafik zu sehen ist.

## Wie entwickelt sich der Stromverbrauch im Haushalt in der Zukunft?

Unser modernes Leben ist also durchsetzt von elektrischen und elektronischen Geräten, von Lampen bis Computer, von Induktionskochplatten bis zu Fernsehern. In den vorangegangenen Kapiteln haben wir zudem über die Umstellung von Verbrenner- auf E-Autos und von Gasthermen beziehungsweise Ölheizungen auf Wärmepumpen gesprochen, also über neue elektrische Verbraucher im Haushalt. Aber lassen wir diese mal beiseite, weil wir sie in unserer Energiebilanz schon berücksichtigt haben, und konzentrieren wir uns in diesem Kapitel auf die anderen typischen Verbraucher im Haushalt und deren zukünftigen Stromverbrauch: Licht, Haushaltsgeräte, Elektronik, Klimaanlagen, Boiler etc.

Vermutlich werden wir in Zukunft hier keinen Strom einsparen, sondern ganz im Gegenteil wohl eher mehr Strom verbrauchen, selbst wenn die einzelnen Geräte effizienter werden. Denn es werden voraussichtlich mehr Geräte werden, die wir zudem häufiger nutzen. Das zeigen auch die Erfahrungen aus der Vergangenheit.

Zum Beispiel spart die Umstellung von Glühlampen auf LED-Licht zwar Strom, aber gleichzeitig brennt jetzt eben mehr und öfter Licht, und aus einem Computer mit ein paar Stunden Betriebszeit pro Tag sind inzwischen mehrere Computer mit durchgängigem Betrieb geworden. Die Fernseher wurden deutlich größer, und aus einem kleinen Kühlschrank mit Gefrierfach wurde ein großer samt separater Gefriertruhe im Keller.

Übrigens, mit dem Begriff „Rebound-Effekt" bezeichnet man das Phänomen, dass neue und effizientere Technologien nicht zur erwarteten Energieeinsparung führen. Ein Beispiel ist der Fernseher. Die Technik ist zwar energiesparender, der Bildschirm dafür aber deutlich größer geworden, und TV-Geräte sind heutzutage auch viel länger in Betrieb.

Die moderne Technik wird zwar immer effizienter und energiesparender, allerdings nutzen wir typischerweise mehr davon. Hatte man früher einen kleinen Bildschirm oder Fernseher, so sind es heute meist mehrere, die dazu noch größer sind. In Summe verbrauchen wir dadurch nicht weniger, sondern mehr Strom.

Untermauert werden diese Prognosen auch durch wissenschaftliche Studien. Der Stromverbrauch im Haushalt (ohne Berücksichtigung von E-Autos und Wärmepumpen) wird bis 2045 voraussichtlich nicht sinken, sondern leicht zunehmen von heute 4 Kilowattstunden auf ca. 5 Kilowattstunden pro Tag und Person. Trotzdem sollten wir das Stromsparen auch zu Hause nicht vernachlässigen, denn ansonsten steigt der Strombedarf noch mehr. Aber im Vergleich zu den Einsparmöglichkeiten bei Heizung und Mobilität ist das Einsparpotenzial im Haushalt eher gering.

## Was heißt das für Familie Müller? Eine Zwischenbilanz

Auch unsere Familie Müller kann sich von dieser Entwicklung nicht abkoppeln. Da die Familie bisher nicht mit Strom geheizt hat und weder Elektroboiler noch Klimaanlage besaß, war ihr Stromverbrauch vergleichsweise niedrig, er lag bei nur 2 kWh pro Person und Tag beziehungsweise bei 3000 kWh pro Jahr für die ganze Familie. Zukünftig wird dieser Verbrauch für Licht, Haushaltsgeräte, Kochen, Elektronik etc. jedoch steigen, auf 3500 kWh jährlich. Da aber auch die Anschaffung des E-Autos und der Wärmepumpe für das neu sanierte Haus den Energieverbrauch der Familie Müller beeinflussen, wollen wir die Gelegenheit nutzen und eine Zwischenbilanz der letzten drei Kapitel für die Müllers ziehen.

Ihr Stromverbrauch insgesamt wird durch diese Änderungen deutlich stärker steigen als nur auf die erwähnten 3500 Kilowattstunden für die Haushaltselektrik. Doch wird im Gegenzug kein Heizöl und kein Benzin mehr benötigt. Obwohl also der Strombedarf weitaus höher ausfallen wird als bisher, geht ihr Gesamtenergiebedarf nach unten, weil E-Auto und Wärmepumpe viel effizienter sind als die fossilen Pendants.

Zudem hat sich Familie Müller eine PV-Anlage aufs Dach montiert und einen Batteriespeicher in den Keller gestellt, die einen Teil des deutlich höheren Stromverbrauchs direkt decken werden. Damit spart die Familie nicht nur beträchtlich Energie, sondern auch noch Geld. Das Ergebnis dieser Änderungen sehen wir in der folgenden Abbildung.

Übrigens, haben Sie zu Hause eine PV-Anlage? Nein? Dann können Sie sich ein sogenanntes Balkonkraftwerk anschaffen. Ein Balkonkraftwerk ist der kleine Bruder der PV-Anlage. Sie können die Anlage einfach selbst installieren, anmelden und in die Steckdose einstecken – und schon produzieren Sie Ihren eigenen PV-Strom. Und mit einem kleinen Speicher, der vor allem mittags lädt, helfen Sie sogar ein klein wenig, das Stromnetz stabil zu halten.

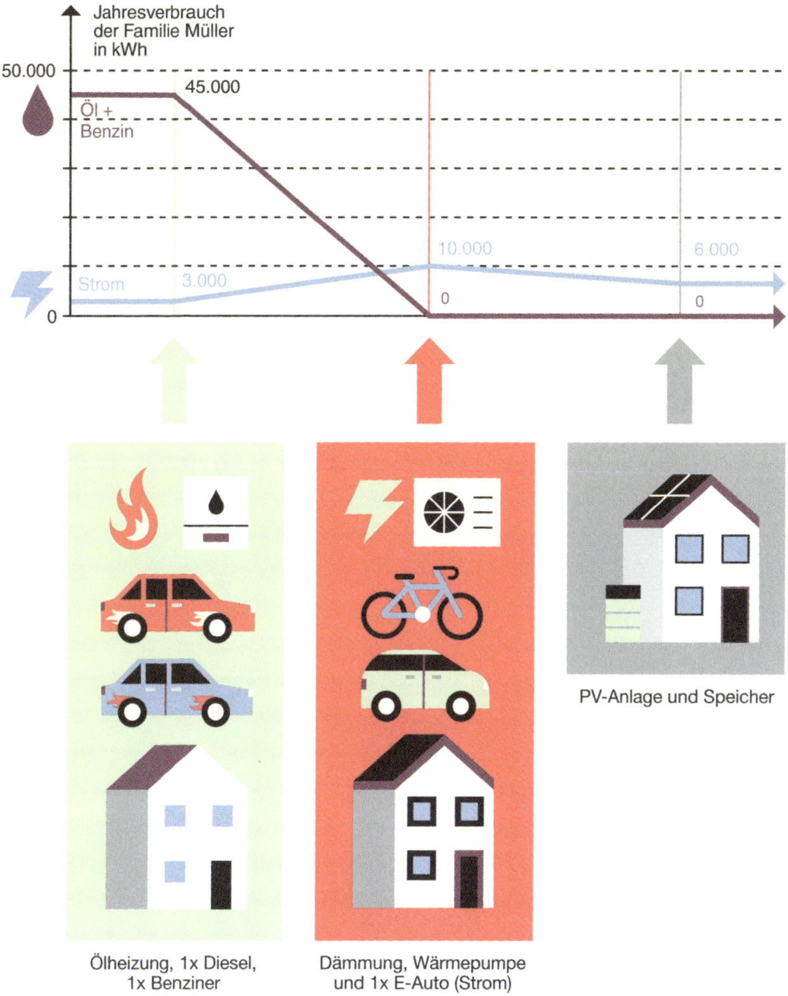


Der Stromverbrauch der Familie Müller (blaue Linie) steigt von heute 3000 kWh vor allem aufgrund der Wärmepumpe und des E-Autos auf 10 000 kWh pro Jahr an (bzw. von 2 kWh auf 7 kWh pro Tag und Person für alle vier Müllers). Davon können 4000 kWh mit der eigenen PV-Anlage samt Batterie gedeckt werden. Im Gegenzug spart die Familie aber 3000 l Heizöl und 1800 l Benzin ein. Da 1 l Benzin beziehungsweise Heizöl ca. 10 kWh enthält, entspricht dies einer Einsparung von über 45 000 kWh (mauve Linie). Zu diesem Einspareffekt beim Energieverbrauch tragen insbesondere die Sanierung des Hauses und die Abschaffung eines der beiden Autos bei.

# Strom im Haushalt: Mögliches Szenario bis 2045

Der Stromverbrauch im Haushalt für Dinge wie Licht, Kochen, Haushaltsgeräte, Warmwasser, Klimaanlage und elektrische Geräte ist geringer, als die meisten auf Anhieb schätzen würden. Insgesamt verbrauchen wir im deutschen Durchschnitt für diese Dinge zwar doppelt so viel wie die Familie Müller, aber trotzdem nur ca. 4 Kilowattstunden pro Person und Tag (also ca. 3000 Kilowattstunden pro Jahr für einen 2-Personen-Haushalt), deutlich weniger als der Energieverbrauch für Heizen oder für unsere Mobilität.

Individuell ist das sehr unterschiedlich, je nachdem, ob man zum Beispiel eine Klimaanlage nutzt oder das Warmwasser mit Strom oder mit einer Zentralheizung erwärmt. Neuerdings kommen aber noch weitere große Verbraucher wie das E-Auto oder die Wärmepumpe im Haushalt dazu, dadurch wird der Stromverbrauch zu Hause deutlich steigen.

Da E-Auto und Wärmepumpe aber jeweils in einem separaten Kapitel behandelt und deren Energieverbrauch schon dort in der Bilanz berücksichtigt wurde, wollen wir sie hier außen vor lassen und uns auf den Stromverbrauch im Haushalt für all die anderen oben genannten Dinge beschränken. Die Erwartungen für die Zukunft lauten:

- Insgesamt werden elektrische und elektronische Geräte immer effizienter, zum Beispiel Kühlschränke, Induktionsherdplatten oder LED-Leuchten.
- Allerdings werden wir mehr Geräte und diese für längere Zeiträume nutzen, zum Beispiel deutlich größere Fernseher im Haus, mehrere Computer, zusätzliches Licht etc.

Insgesamt wird daher der Bedarf für Haushaltsstrom in Zukunft bis 2045 etwas steigen, und zwar von 4 kWh auf ca. 5 kWh pro Person und Tag. Das entspricht einer Erhöhung des Stromverbrauchs eines 2-Personen-Haushalts von 3000 kWh auf 3650 kWh pro Jahr.

Entwicklung des deutschen Energieverbrauchs in kWh pro Person und Tag in einem realistischen Zukunftsszenario: In diesem Kapitel hat sich gezeigt, dass der Stromverbrauch der Haushalte (ohne Berücksichtigung von E-Autos und Wärmepumpen) bis 2045 leicht ansteigen könnte, von 4 kWh auf 5 kWh pro Person und Tag. (Zahlen nach AG Energiebilanzen e. V. und Ariadne-Energiewendeprojekt)

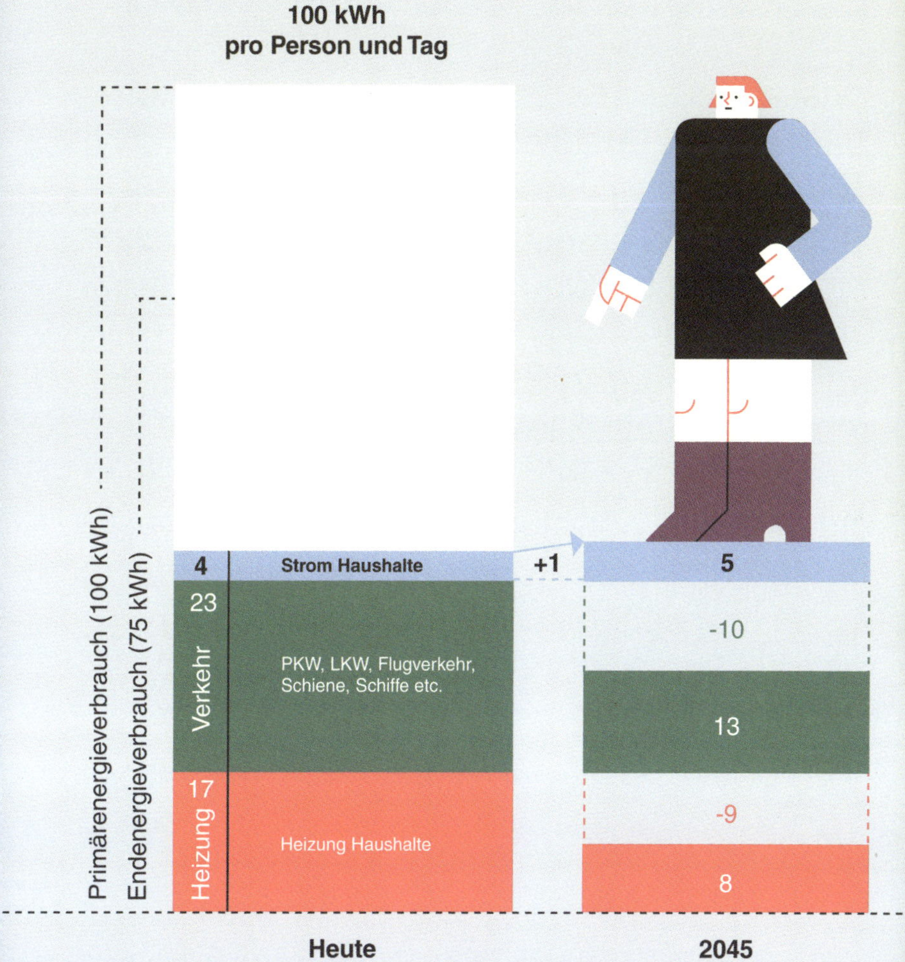

# Industrie, Gewerbe etc.

Unser modernes Leben basiert auf vielen Dingen, die unseren beruflichen und privaten Alltag vereinfachen. Wir wohnen in modernen Häusern, kaufen uns schicke Kleidung und Möbel, wir nutzen Computer und Rechenzentren, wir fahren Auto auf gut ausgebauten Straßen, wir arbeiten in repräsentativen Gebäuden, und unsere Ernährung ist vielfältig und exotisch. Alle diese Dinge benötigen Energie, um hergestellt, betrieben und erhalten zu werden. Ist es möglich, diesen Energieverbrauch zu reduzieren, ohne auf Annehmlichkeiten zu verzichten?

06

# Industrie unter der Lupe – schauen wir mal genauer hin

Wir leben in einer Industriegesellschaft, die viele wertvolle Güter produziert. Um die Industrie am Laufen zu halten, benötigt sie Energie, und davon eine große Menge. Gottlieb Daimler hat sich mit seiner Daimler-Motoren-Gesellschaft beispielsweise für Untertürkheim als Standort für sein Automobilwerk entschieden, weil dort elektrischer Strom aus einem Wasserkraftwerk in Kombination mit Kohle verfügbar war. In seiner Geburtsstadt Schorndorf hätte er keine vergleichbaren Bedingungen vorgefunden, denn einerseits gibt es dort nur sehr wenig Wasserkraft, und andererseits hätte man die Kohle vom Neckarschiff erst noch umladen und weitertransportieren müssen. Schon damals galt also die Formel **„Industrie folgt Energie“**, und diese Formel gilt auch heute noch.

Und es gibt noch eine zweite Formel: **„Wohlstand kommt von Industrie.“** Denn einerseits konsumieren wir deren Güter, und andererseits bekommen die Beschäftigten in der Industrie sehr gute Löhne und Gehälter. Deshalb sollten wir nicht reflexartig die „böse Industrie“ beschuldigen, für Umweltverschmutzung und Klimawandel verantwortlich zu sein, sondern eher überlegen und unter die Lupe nehmen, was die Voraussetzungen für ein angenehmes Leben sind und ob man das nicht auch nachhaltig schaffen kann. Denn eines ist klar: Klimaneutral und damit unabhängig von fossilen Rohstoffen können wir nur werden, wenn wir auch hier zu guten Lösungen kommen, die von möglichst vielen Menschen akzeptiert und unterstützt werden.

Unsere Familie Müller ist bei dieser Vielzahl von Bereichen und Themen etwas ratlos. Wie viel Energie wird indirekt über ihren Konsum und der Teilhabe am öffentlichen Leben verbraucht? Und wie könnte man den Verbrauch hier reduzieren, wenn überhaupt?

In unserer Verbrauchsbilanz sehen wir wieder die grobe Aufteilung: Fast ein Drittel unseres gesamten (Primär-)Energieverbrauchs, nämlich durchschnittlich 31 Kilowattstunden pro Tag und Person, fällt in diesen Bereich, also Industrie, Landwirtschaft, Gewerbe, Dienstleistungen,

Handel usw. Das ist im Grunde alles, was wir nicht in unseren privaten Haushalten oder bei der Mobilität verbrauchen. 31 Prozent sind ein großer Anteil. Die Überschrift für dieses Kapitel hätte deshalb auch „Der dickste Brocken" heißen können. Vielleicht sind Sie überrascht darüber, wie sich dieser Teil unseres Energieverbrauchs im Detail zusammensetzt. Auch Familie Müller ist erstaunt und fragt sich, welchen Anteil dieser Bereich wohl an ihrer privaten Energiebilanz hat.

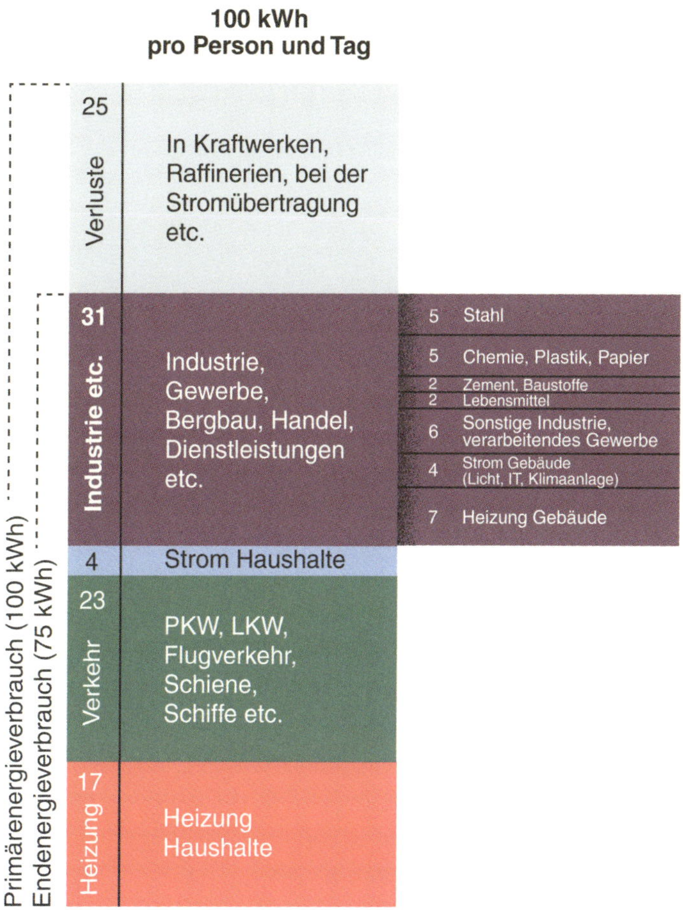


Industrie, Gewerbe, Handel und Dienstleistung, öffentliche Verwaltung etc. sind zusammen verantwortlich für fast ein Drittel unseres Primärenergieverbrauchs. Wenn wir diesen Bereich aufschlüsseln, sind es aber nur einige wenige Sektoren, die den industriellen Energieverbrauch dominieren: Stahl, Zement (für Betonherstellung) und andere Baustoffe, Chemie (für Plastikproduktion und pharmazeutische Industrie) und Papierherstellung. Auch die gewerblichen Gebäude (Strom und Heizung) haben hier einen relativ großen Anteil. (Zahlen nach AG Energiebilanzen e.V.)

Ein guter Indikator, wie viele Kilowattstunden dieser Bereich in der eigenen Bilanz jedes Einzelnen ausmacht, ist das Einkommen. Wer reich ist, hat meistens mehrere Autos, eine große Wohnung und konsumiert natürlich auch mehr, denn man kann sich mehr leisten. Energieverbrauch hängt also vom Wohlstand ab. So verbrauchen die wohlhabendsten 10 Prozent in Deutschland 4- bis 5-mal so viel Energie für ihre Mobilität wie die ärmsten 10 Prozent.

Übrigens, der Energieverbrauch variiert weltweit deutlich. Der durchschnittliche Energieverbrauch in Indien liegt zum Beispiel bei 20 Kilowattstunden pro Person und Tag, also bei einem Fünftel unseres Verbrauchs; in China liegt er bei 90 Kilowattstunden, also knapp unter unserem. Am stärksten variiert der individuelle Energieverbrauch aber in Abhängigkeit vom eigenen Einkommen, egal in welchem Land.

# Energieverbrauch in Industrie, Gewerbe und Handel, öffentlicher Verwaltung, Dienstleistungen etc.

Schauen wir uns im Folgenden diesen Teil unserer Bilanz im Detail an und überlegen uns, ob und wie viel eingespart werden kann durch geringeren Verbrauch oder Effizienzgewinn. Wichtig dabei ist aber, dass die Energieeinsparungen der Zukunft nicht vorwiegend aus der Verlagerung der Produktion ins Ausland resultieren sollen, sondern dass weiterhin in Deutschlands Industrie investiert wird. Denn was nützt es, wenn wir in der deutschen Bilanz einen geringeren Energiebedarf ausweisen können, wir aber stattdessen die fertigen Güter zunehmend aus dem Ausland importieren? Wir leben ja alle auf demselben Planeten.

### Bau, Beton, Stahl

In Deutschland wohnen und arbeiten wir in Wohnungen und Häusern, die je nach Baujahr regelmäßig erneuert und renoviert werden müssen. Vor allem wohnen wir aber auf immer mehr Fläche. Heute beträgt der

durchschnittliche Wohnflächenbedarf 48 m² pro Person, was eine gewaltige Steigerung gegenüber 35 m² in den 1990er-Jahren bedeutet, ganz zu schweigen von 20 m² im Jahr 1960.

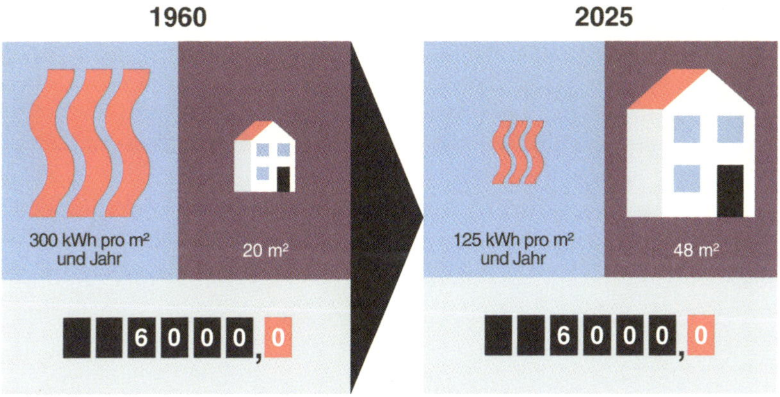


Obwohl die Häuser in den letzten Jahrzehnten viel effizienter geworden sind, also pro m² deutlich weniger Energie benötigen, ist der jährliche Energieverbrauch pro Kopf nicht gesunken, denn die Wohnfläche pro Person ist um denselben Faktor gestiegen und hat die Effizienzsteigerung ausgeglichen.

Die wichtigsten Baustoffe für Gebäude sind Beton und Stahl. Beton ist weltweit für knapp 10 Prozent der Treibhausgasemissionen verantwortlich, insbesondere weil Beton große Mengen Zement als Grundstoff benötigt. Das ist sehr viel für einen einzigen Posten. Die Zementindustrie gehört zu den fünf großen $CO_2$-Emittenten weltweit. Warum? Ein Grund dafür ist, dass hohe Temperaturen notwendig sind, um dem Zementrohstoff Calciumcarbonat den Kohlenstoff zu entreißen und dann Zement als Grundstoff für Beton zu erhalten. Das Treibhausgas $CO_2$ entsteht dann einerseits bei der Verbrennung von Gas oder Kohle, um die hohen Temperaturen zu erzielen, andererseits muss aber auch der im Calciumcarbonat enthaltene Kohlenstoff entfernt werden, der dann eben in Form von $CO_2$ in die Luft abgegeben wird.

Die Stahlproduktion folgt einem ähnlichen Prozess, und auch der weltweite Anteil von knapp 10 Prozent an der $CO_2$-Produktion ist ungefähr gleich hoch wie beim Zement. Grundstoff von Stahl ist natürlich vorkommendes Eisenerz, dem zunächst bei Temperaturen von über 1000 °C Sauerstoff und in einem zweiten Schritt Kohlenstoff entzogen werden müssen. In beiden Schritten entsteht bei den heute gängigen Verfahren chemisch bedingt unvermeidbar $CO_2$. Bei Zement und bei Stahl entsteht also $CO_2$ nicht nur durch den Verbrauch von Gas und Kohle, sondern auch als unvermeidlicher Teil des Herstellungsprozesses.

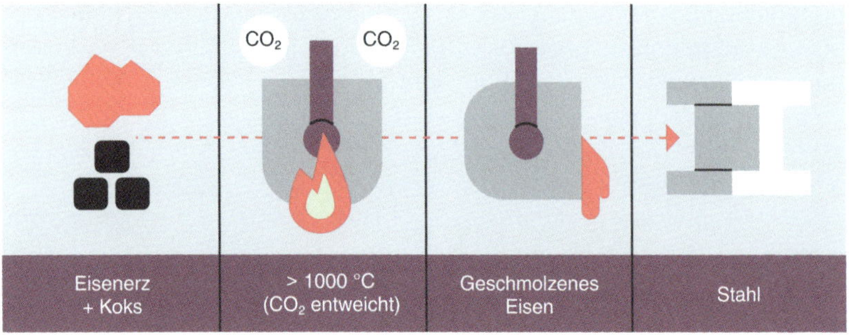


Bei der herkömmlichen Stahlproduktion entsteht viel $CO_2$. Zum einen durch die Verbrennung von fossilen Brennstoffen für die im Hochofen benötigten Temperaturen, zum anderen aber auch prozessbedingt: Dem Eisenerz muss Sauerstoff entzogen werden, um Roheisen zu erhalten. Dies wird mit Kohlenstoff (in Form von Koks) erreicht, der den Sauerstoff an sich bindet und dann als $CO_2$ entweicht.

Deswegen ist der Anteil dieser beiden Stoffe am gesamten $CO_2$-Ausstoß proportional größer als derjenige am gesamten Energieverbrauch. Will man hier den $CO_2$-Ausstoß reduzieren, dann gibt es drei Ansatzpunkte:

- Erstens kann man zur Erzeugung der hohen Temperaturen grünen Wasserstoff anstatt Kohle und Gas verwenden. Oder man könnte Verfahren anwenden, die mit Strom arbeiten. Ebenso kann man bei der Stahlherstellung für den chemischen Entzug des Sauerstoffs vom Eisenerz statt Erdgas auch Wasserstoff einsetzen. Allerdings wird dafür grüner Wasserstoff in riesigen Mengen benötigt. Dies setzt einen gewaltigen Ausbau von Photovoltaik und Windkraft für die grüne Wasserstoffproduktion voraus.
- Zweitens kann man alternativ das im Prozess entstehende $CO_2$ abfangen und speichern (das sogenannte Carbon Capture and Storage, CCS), was aber natürlich Geld kostet und keinen Mehrwert schafft, außer eben die Freisetzung von $CO_2$ verhindert.
- Und drittens kann man versuchen, weniger Stahl und Beton und stattdessen andere Materialien einzusetzen, zum Beispiel Holz oder neuartige Betonarten, die weniger $CO_2$-Ausstoß verursachen. Außerdem könnten wir einen großen Effekt erzielen, wenn wir mit weniger als 48 Quadratmetern Wohnfläche pro Person auskommen würden.

Realistisch betrachtet werden wir in Zukunft aber insgesamt eher mehr als weniger Stahl und Beton benötigen, und somit geht es vor allem darum, die Prozesse so zu verändern, dass dabei kein $CO_2$ entsteht. Stand heute entfallen rund 7 Prozent unseres Energieverbrauchs in Deutschland auf die Herstellung von Beton, Baustoffen und Stahl. Das werden wir nur schwerlich senken können, außer durch die Verlagerung der Produktion ins Ausland. Das aber wäre für Deutschland als Industriestandort nachteilig, hätte auf den globalen Klimaschutz keinen Effekt und würde uns von Importen abhängig machen.

## Chemische Industrie, Plastik, Papier

Einen ähnlich großen Anteil an unserem Energieverbrauch wie die Stahlherstellung macht die Produktion von chemischen Grundstoffen für die Plastikproduktion und die pharmazeutische Industrie zusammen mit der Papierherstellung aus. Das Ausgangsmaterial fast aller Grundstoffe und Kunststoffe der chemischen Industrie ist Erdöl und Erdgas. Angesichts der Verbreitung von Kunststoffen, die unseren modernen Lebensstil überhaupt erst möglich machen, ist die Kunststoffchemie aus unserem alltäglichen Leben nicht mehr wegzudenken. Kunststoffe sind leicht, widerstandsfähig, stabil, beliebig form- und universell einsetzbar, die Bedeutung dieses Sektors wird weiter zunehmen.

Erdöl und Gas als Rohstoffquelle sind so wichtig für die chemische und pharmazeutische Industrie, dass bereits davor gewarnt wird, diese begrenzten Ressourcen für die Energieproduktion zu verschwenden. Um Klimaneutralität zu erreichen, geht es wieder einmal eher darum, einen Ersatz für die fossilen Grundstoffe zu finden (ähnlich wie bei Zement und Stahl), und weniger darum, den Energieverbrauch zu reduzieren. Auch hier wird Wasserstoff in sehr großen Mengen eine wichtige Rolle spielen, aber auch Biomasse und zum Teil Recycling.

Rohöl ist für uns nicht nur Energielieferant für Autofahren oder Heizen, sondern auch ein sehr wichtiger Rohstoff: Alles Mögliche wird aus Rohöl als Grundstoff hergestellt, zum Beispiel Plastik, Kunstfasern, Kosmetika, Reinigungsmittel, Medikamente und natürlich Asphalt für den Straßenbau.

## Ernährung

Ernährung ist ein komplexes Thema, das viele Ebenen unseres Menschseins berührt. Und es hat viel mit unserem individuellen Lebensstil zu tun. Was schmeckt? Was ist gesund? Was ernährt mich gut? Was ist nachhaltig? Und was ist ethisch? Das Bewusstsein hat sich in den letzten Jahren geändert. War man früher als Vegetarier ein Außenseiter, so ist man das heute selbst als Veganer nicht mehr.

Der Anteil der Landwirtschaft und Nahrungsmittelbranche an den weltweiten Treibhausgasemissionen liegt mit 20–30 Prozent deutlich höher als deren Anteil am weltweiten Energieverbrauch, noch mehr als bei der Beton- und Stahlproduktion. Der Energieverbrauch dieses Bereichs setzt sich aus verschiedenen Anteilen zusammen, zum Beispiel dem des landwirtschaftlichen Betriebs selbst und der Weiterverarbeitung der Nahrungsmittel, aber auch der Produktion von Dünger. Der Transport der Lebensmittel wird aber separat dem Bereich Mobilität zugeschlagen und ist hier nicht enthalten. Auch wenn wir uns in diesem Buch vor allem für den Energieverbrauch unseres modernen Lebens interessieren, wollen wir hier ausnahmsweise mehr auf die Reduktion der Treibhausgasemissionen und nicht so sehr auf den Energieverbrauch in Höhe von 2 Kilowattstunden pro Person und Tag schauen.

Haupttreiber der Emissionen ist nämlich weniger der Energieverbrauch, sondern vor allem Methan aus der Tierhaltung und Stickoxide aus den Düngemitteln, aber auch die Landnutzung. Darunter fallen zum Beispiel die Abholzung des Regenwaldes, Brandrodung und Trockenlegung von Mooren, um auf diesen Flächen dann Futtermittel anzubauen. Einen kleineren Teil trägt auch der landwirtschaftliche Betrieb selbst bei.

Den größten Effekt für das Klima erzielt man daher weniger durch Reduktion des Energieverbrauchs der Betriebe, sondern mehr durch eine verbesserte und veränderte Landnutzung und einen reduzierten Einsatz von Stickstoffdünger, also eine andere Art der Bewirtschaftung unserer Flächen. Als Konsument kann man dies fördern, indem man vor allem zu Bionahrungsmitteln greift, die möglichst aus regionalem Anbau stammen und nur kurze Transportwege haben. Dadurch unterstützt man die heimische Landwirtschaft und ermöglicht, zum Beispiel durch Direktvermarktung, faire Preise für die Erzeuger.

Eine ökologisch ausgerichtete Landwirtschaft hat positive Auswirkungen auf das Tierwohl, die Artenvielfalt, den Humusaufbau, den Wasserverbrauch, die Qualität der Böden und vor allem auf deren Fähigkeit, Niederschläge aufzunehmen und zu speichern. Alles Eigenschaften, die angesichts der globalen Erwärmung und der damit zusammenhängenden steigenden Häufigkeit von extremen Wetterphänomenen wie lang anhaltenden Dürren und immer öfter auftretenden Starkregenereignissen immer größere Bedeutung gewinnen.

Ebenfalls einen großen Beitrag zur Treibhausgasreduktion leistet eine Reduzierung des Fleisch- und Milchkonsums, denn hier verursacht die biologische Tierhaltung aufgrund der längeren Lebensdauer der Tiere sogar eine höhere Treibhausgasemission als konventionelle Fleischproduktion. Und wir sollten vermeiden, in Schwarz-Weiß-Kategorien zu denken und zu urteilen: Es geht nicht um den Gegensatz von vegan versus nicht vegan. Eine deutliche Reduktion tierischer Produkte würde schon enorm helfen, denn die ersten eingesparten 75 Prozent machen einen größeren Unterschied als die letzten Prozent.

Auf den Energieverbrauch des Sektors Landwirtschaft hat all dies aber relativ wenig Einfluss, am ehesten tun dies noch reduzierte Düngemittelproduktion und kürzere Transportwege. Deswegen wird sich der Energieverbrauch der Landwirtschaft in Zukunft wohl nicht nennenswert verändern. Auch hier geht es vor allem darum, von fossilen auf erneuerbare Energiequellen umzustellen.

Das Thema Ernährung ist vielschichtig, hat aber auch mit Energie zu tun. Einen Effekt für die Umwelt erreichen wir durch weniger Fleischkonsum, mehr regionale Produkte mit kürzeren Transportwegen und vor allem die ökologische Bewirtschaftung unserer Flächen.

## Sonstige Industrie

Natürlich gibt es noch viele weitere Industrien, wie Maschinen- und Fahrzeugbau, Abfallindustrie, Glasherstellung oder die Produktion von Aluminium. Diese spielen jede für sich genommen eine geringere Rolle in unserem Energieverbrauch als die oben besprochenen Industriezweige. Allerdings nutzen sie häufig deren Rohstoffe, wie Stahl und Beton.

Zusammen haben all diese sonstigen Industriezweige einen Anteil von ca. 6 Prozent am Energieverbrauch in Deutschland, benötigen also im Durchschnitt 6 Kilowattstunden pro Person und Tag. Zusätzlich importiert Deutschland aber viele Güter, deren Energieverbrauch in der heimischen Bilanz gar nicht auftaucht.

### Gebäude: Heizung, Kühlung und Strom

Auch die nicht industriellen Bereiche wie Dienstleistung, Gewerbe und Handel benötigen Energie. Die Treiber sind hier vor allem die Gebäude, insbesondere Heizung und Kühlung (zum Beispiel in Supermärkten) und Stromverbrauch. Wir arbeiten typischerweise nicht im Freien, sondern in einem Büro, das rund ums Jahr angenehm warm oder kühl ist, und wir benötigen Strom für Computer, Licht und Kaffeemaschinen. Zusammen haben Strom und Heizung für gewerbliche Immobilien einen Anteil von ca. 11 Prozent an unserem Energieverbrauch.

Für das Heizen gelten hier im Grunde dieselben Argumente wie in Kapitel 3 für die Wohnimmobilien. Der Stromverbrauch wird dagegen in Zukunft auch hier ansteigen, weil mehr Wärmepumpen eingesetzt werden, wogegen der Anteil der Öl- und Gasheizungen abnehmen wird.

### Strom für IT-Infrastruktur, Internet und Streaming

Beim Stromverbrauch im Sektor Dienstleistung, Gewerbe und Handel gibt es aber noch eine Entwicklung, die wir erwähnen sollten, und zwar den Energieverbrauch für die gesamte IT-Infrastruktur, wie zum Beispiel Server, Cloud-Speicher, Streaming-Dienste, KI-Suchmaschinen und Internet. Momentan machen sie ca. 1–1,5 Prozent unseres gesamten Energieverbrauchs aus. Aber dieser Anteil wird unter anderem wegen des vermehrten Einsatzes von Künstlicher Intelligenz (KI) stark ansteigen und könnte sich schon bis Ende dieses Jahrzehnts verdoppeln.

Übrigens, wussten Sie, dass das sogenannte Schürfen von Bitcoins sehr energieaufwendig ist? Viele Computer laufen dafür auf Hochtouren. Der jährliche Stromverbrauch dafür ist höher als derjenige ganzer Länder, zum Beispiel von Norwegen oder Schweden.

Sowohl beim Streaming als auch bei den KI-Suchanfragen sind es aber interessanterweise weniger die Server als vielmehr die von uns genutzten Endgeräte, die meist den Energieverbrauch dominieren. 10 Stunden Streaming verbraucht in den Servern und für die Internetübertragung zu uns ungefähr 0,1 kWh Strom. Dasselbe gilt übrigens auch für rund 100 KI-Anfragen. Wenn wir zu Hause aber einen Desktop-Computer mit Flachbildschirm nutzen, benötigen wir für 10 Stunden bereits 1 kWh Strom, bei einem sehr großen Plasma-TV sind es sogar bis zu 3 kWh, also 30-mal so viel. Sehr sparsam ist hingegen das Mobiltelefon, hier ist der Bildschirm klein – und somit auch der Energieverbrauch.

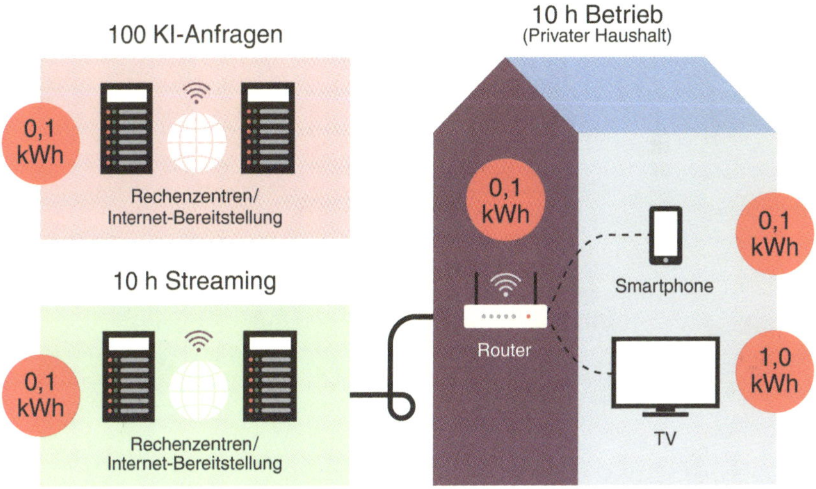


Wie teilt sich der Energieverbrauch bei KI-Anfragen, beim Streamen oder einer Videokonferenz auf Rechenzentren, Internet und das Endgerät auf? Interessant ist, dass eben vor allem das Endgerät entscheidend ist. Für 10 Stunden Streaming oder 100 KI-Anfragen und für die Datenübertragung bis zu uns nach Hause werden in den Rechenzentren nur ca. 0,1 kWh Strom benötigt. Benutzen wir zu Hause dann einen Computer mit Flachbildschirm als Endgerät, verbrauchen wir dafür zusätzlich 1 kWh Strom, also 10-mal so viel. Bei einem 85-Zoll-Plasma-TV können es sogar 3 kWh Strom sein, also 30-mal so viel. Ein Smartphone oder ein Tablet benötigt deutlich weniger, nämlich nur ca. 0,1–0,2 kWh. Insgesamt ist das Einsparpotenzial für eine einzelne Person aber begrenzt, insbesondere im Vergleich zu Heizung und Mobilität. (Zahlen nach J. Malmodin 2020 und M. Dauner, G. Socher 2025)

Da sich dieser Energieverbrauch allerdings auf sehr viele einzelne Anfragen und Anwendungen wie Server, Cloud-Dienste, Mobilfunk und Streaming sowie auf praktisch alle Menschen verteilt, ist es für den einzelnen Endverbraucher schwierig, hier nennenswert Energie einzusparen. Im Vergleich dazu ist der Hebel für Energieeinsparungen in anderen Bereichen wie Heizung und Mobilität deutlich größer. Auf diese Bereiche sollten wir uns daher konzentrieren.

## Was macht Familie Müller?

Nachdem sich Familie Müller in all diese Zahlen eingelesen hat, ist ihr klar geworden, dass sie hier von sich aus nur begrenzt und indirekt Einfluss nehmen kann über die Steuerung ihres Konsums. Bei den meisten der auf den vorherigen Seiten aufgezählten Bereichen ist sie im Grunde auf die technologische und politische Entwicklung angewiesen, die sie über gesellschaftliches Engagement allenfalls ein wenig beeinflussen kann.

In einem Bereich möchte Familie Müller allerdings ein paar Änderungen vornehmen, weil ihr hier der Einfluss auf Umwelt und Natur am größten erscheint: bei der Ernährung. Die Familie hat daher gemeinsam entschieden, den Fleischkonsum mindestens zu halbieren und nur noch 1- bis 2-mal pro Woche Fleisch zu essen. Einen großen Einfluss hat hier allerdings ihr Hund, aber auch er kann 2- bis 3-mal pro Woche vegetarisch ernährt werden. Auf Milch möchten die Müllers zwar nicht verzichten, sie werden deren Konsum aber in Zukunft einschränken und weniger Käse essen. Außerdem wollen sie vermehrt saisonale und regionale Produkte einkaufen – und nach Möglichkeit vor allem Bioprodukte. Zudem werden sie zukünftig kein Mineralwasser mehr in Plastikflaschen kaufen, das zum Teil quer durch Europa transportiert wird, sondern das Wasser aus der Leitung zu Hause trinken.

In allen anderen Bereichen wird die Familie ihre Konsumgewohnheiten zwar überdenken und zum Beispiel Geräte und Möbel länger nutzen oder Einwegverpackungen vermeiden. Essenziellere Energieeinsparungen hängen hier aber vor allem davon ab, wie sich der Energieverbrauch und die wirtschaftlichen und politischen Rahmenbedingungen von Industrie, Gewerbe und Handel in Deutschland und weltweit entwickeln.

Beim Thema Ernährung hat sich Familie Müller vorgenommen, mehr auf ihren Einfluss auf die Umwelt zu achten. Insbesondere möchte sie den Fleischkonsum reduzieren, aber auch den Verzehr von Käse, weil zur Herstellung viel Milch benötigt wird. Zudem will sie die regionale Biolandwirtschaft unterstützen.

# Industrie, Gewerbe etc.: Einsparpotenzial bis 2045

Das Konsortium von 26 deutschen Forschungseinrichtungen, das wir schon in den letzten Kapiteln zitiert haben, hat im Ariadne-Energiewendeprojekt auch Szenarien für den deutschen Energieverbrauch im Sektor Industrie, Gewerbe, Handel und Dienstleistung für das Jahr 2045 erstellt. Dabei ist das wirtschaftliche Wachstum Deutschlands in den Szenarien mitberücksichtigt. Die wichtigsten Entwicklungen dabei sind:

- Obwohl voraussichtlich die industrielle Produktion, insbesondere von Stahl, Papier und chemischen Grundstoffen, bis 2045 ansteigen wird, kann der Energieverbrauch der Industrie aufgrund effizienterer Technologien und Prozesse leicht gesenkt werden.
- Im gewerblichen Gebäudebereich gibt es, wie bei den Privatwohnungen, großes Einsparpotenzial im Bereich der Heizung.
- Der Stromverbrauch wird hingegen auch hier deutlich ansteigen, unter anderem wegen des erhöhten Bedarfs im IT-Bereich, aber auch der Nutzung von Wärmepumpen. Auch in der chemischen Industrie und der Stahlproduktion werden vermehrt strombasierte Prozesse zum Einsatz kommen.
- In den anderen Bereichen ändert sich der Energieverbrauch bis 2045 kaum.

Insgesamt könnte der Energieverbrauch des gesamten Sektors bis 2045 daher leicht von 31 kWh auf 27 kWh pro Person und Tag, also um 4 kWh, sinken – und das trotz wirtschaftlichen Wachstums.

Entwicklung des deutschen Energieverbrauchs in kWh pro Person und Tag in einem realistischen Zukunftsszenario: Trotz insgesamt höherer Industrieproduktion könnte der Energieverbrauch im Bereich Industrie, Gewerbe, Dienstleistungen, öffentliche Verwaltung etc. leicht von 31 kWh auf 27 kWh pro Person und Tag sinken. (Zahlen nach AG Energiebilanzen e. V. und Ariadne-Energiewendeprojekt)

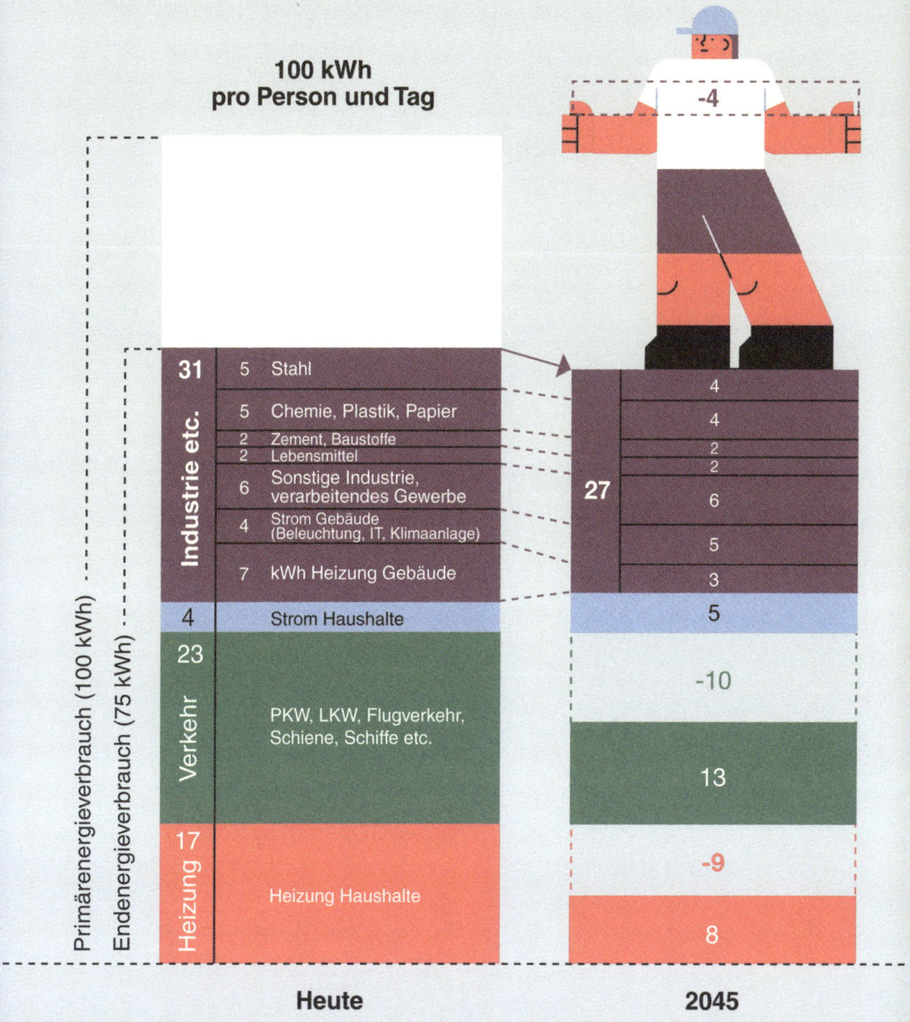

# Energie-versorgung

Wussten Sie, dass schon allein für die Produktion und Bereitstellung von Strom, Gas, Benzin und Heizöl einiges an Energie benötigt wird, bevor wir diese dann verbrauchen können? Das klingt paradox, ist aber eigentlich logisch, denn von allein entsteht kein Benzin aus Rohöl, sondern es muss raffiniert und aufbereitet und zu den Tankstellen gebracht werden. Und Strom muss zuerst zum Beispiel aus Kohle erzeugt und dann über Stromnetze verteilt werden. Das schmälert die insgesamt nutzbare Energiemenge. Aber wie groß ist der Unterschied zwischen eingesetzter und nutzbarer Energie? Und was könnte sich durch die verstärkte Nutzung erneuerbarer Energien daran ändern?

07

# Wie effizient ist unser Energiesystem?

Die Bereitstellung von Energie kostet nicht nur Geld, sondern auch Energie – und zwar gar nicht wenig. Bis Benzin oder Diesel an unseren Tankstellen für die Autos bereitstehen, muss erst mal einiges passieren. Rohöl muss aus dem Boden geholt und dann nach Deutschland transportiert werden, meist mit Tankschiffen, die selbst Öl verbrauchen. Danach wird es in einer Raffinerie unter mehrmaligem Erhitzen in Benzin oder Diesel umgewandelt und dann in Tanklastwagen an die Tankstelle transportiert. Knapp 20 Prozent, also ein Fünftel der im Rohöl gespeicherten Energie, müssen für diesen gesamten Bereitstellungsprozess aufgewendet werden.

Und bei der klassischen Stromproduktion in Kohlekraftwerken ist der Energieaufwand noch höher. Deutlich über die Hälfte, also über 50 Prozent der in der Kohle gespeicherten Energie, geht bei der Umwandlung von Wärme in Strom als sogenannte Abwärme verloren. Und das ist keine Nachlässigkeit, sondern eine unvermeidliche physikalische Grundtatsache – es geht schlicht nicht anders. Im nächsten Kapitel erklären wir die Hintergründe dazu ausführlicher. Auch bei der Stromübertragung haben wir Verluste, nämlich grob 5 bis 6 Prozent der übertragenen Energie.

Zudem nutzen wir einen Teil des importierten Öls und Gases gar nicht als Energiequelle, sondern als Ressource für chemische Produkte. Auch dieser Teil geht als sogenannte nichtenergetische Nutzung in die

Energiebilanz ein. Ganze 15 Prozent des in Deutschland verbrauchten Erdöls nutzt die chemische Industrie als Ressource für andere Stoffe, zum Beispiel, um Plastik herzustellen.

Aus unserer Bilanz ergibt sich, dass insgesamt 25 Prozent der Primärenergie, also ein Viertel der insgesamt in Deutschland eingesetzten Energie, durch Bereitstellung und nichtenergetische Nutzung verloren gehen und nur 75 Prozent beim Endverbraucher als sogenannte Endenergie ankommen.

**100 kWh**
**pro Person und Tag**

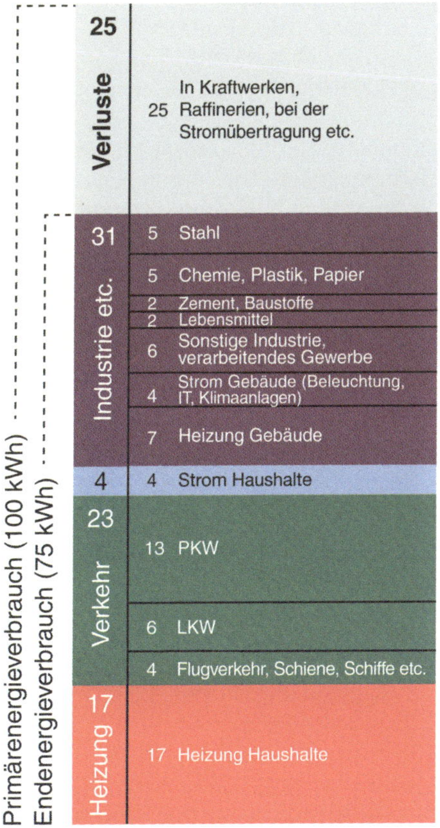


Der graue Block ganz oben ist die Differenz zwischen Primär- und Endenergie. 25 % der insgesamt eingesetzten Energie beziehungsweise 25 kWh pro Person und Tag kommen gar nicht beim Endverbraucher an. Das sind vor allem Wärmeverluste in den Kraftwerken für die Stromproduktion, der Eigenverbrauch von Kraftwerken und die Verluste bei der Stromübertragung, aber auch der Energieaufwand für die Raffinierung von Erdöl. Auch die sogenannte nichtenergetische Nutzung von Erdöl und Erdgas fällt in diesen Bereich. (Zahlen nach AG Energiebilanzen e. V.)

## Unser Energiesystem 2045: Einerseits effizienter …

Wenn die grundlegendste Naturwissenschaft, die Physik, uns sagt, dass wir für alles, was wir tun, Energie aufwenden müssen, dann müssen wir das zunächst einmal akzeptieren, gemäß dem Motto: Es ist, wie es ist.

Dann müssen wir eben auch für die Versorgung mit Energie Energie aufwenden. Das gilt auch für die Stromproduktion. Allerdings gibt es bei den verschiedenen Arten der Stromproduktion große Unterschiede im Hinblick darauf, wie viel Energie verloren geht. Und das könnte uns in Zukunft sogar zugutekommen. Vor allem dann, wenn es gelingt, möglichst viele Bereiche des Lebens und Wirtschaftens, des Reisens und der Heizung unserer Häuser und Wohnungen zu elektrifizieren.

Es ist nämlich so: Während die Erzeugung von elektrischem Strom in sogenannten thermischen Kraftwerken, also durch Verbrennung von Kohle, Öl, Gas, Biomasse oder mittels Kernspaltung, unvermeidlich hohe Energieverluste aufweist, sind PV und Windstrom aus Nutzerperspektive praktisch verlustfrei. Das ist leicht zu verstehen, denn es muss eben nicht zuerst Wasserdampf erzeugt werden, um damit einen Generator anzutreiben, der nur einen Teil der aufgewendeten Energie in Strom umwandeln kann. Bei PV und Windstrom gibt es fast keine Wärmeverluste, es fallen nur noch die Verluste für die Übertragung des Stromes in Leitungen an.

Wenn wir also flächendeckend auf erneuerbare Energien umstellen, dann heißt das im Gegenzug auch, dass unsere Stromproduktion deutlich effizienter wird, denn es treten viel geringere Verluste auf. Eine ganz wichtige Konsequenz dieser Zusammenhänge: Die Umstellung auf Erneuerbare reduziert unseren Primärenergieverbrauch, ohne die für uns nutzbare Endenergie zu verringern. Eine perfekte Win-win-Situation.

Den Effekt sehen wir schon heute. Unsere Stromversorgung ist in den letzten Jahren deutlich effizienter geworden, weil wir mittlerweile schon weit über 50 Prozent Anteil Erneuerbare an der Stromproduktion haben, insbesondere durch Photovoltaik und Windenergie, bei denen keine Abwärme entsteht. Zudem sind strombasierte Verbraucher typischerweise viel effizienter. Wir haben mit erneuerbarem Strom also nicht nur weniger Verluste bei der Stromproduktion, sondern auch anschließend weniger Verluste bei der Nutzung.

### … andererseits neue Verluste

Es gibt aber auch gegenläufige Entwicklungen, die die Verluste in unserer Energieversorgung erhöhen.

Zum einen müssen wir aufgrund der schwankenden Stromproduktion durch Wind und Sonne viel mehr Energie zwischenspeichern. Und Speicherung ist immer mit Energieverlusten verbunden, wobei die Höhe der Verluste von der Speichertechnologie abhängt. Teilweise können wir die Schwankungen zwar über einen flexibleren Stromverbrauch ausgleichen, aber an der Energiespeicherung führt kein Weg vorbei.

Zudem gibt es Bereiche, die nur schwer oder gar nicht elektrifiziert werden können, etwa der Flugverkehr oder gewisse Industrieprozesse. Wollen wir hier klimaneutral werden, dann brauchen wir große Mengen an Wasserstoff und E-Fuels. Die Herstellung und die Nutzung dieser Stoffe sind aber mit zum Teil erheblichen Energieverlusten verbunden

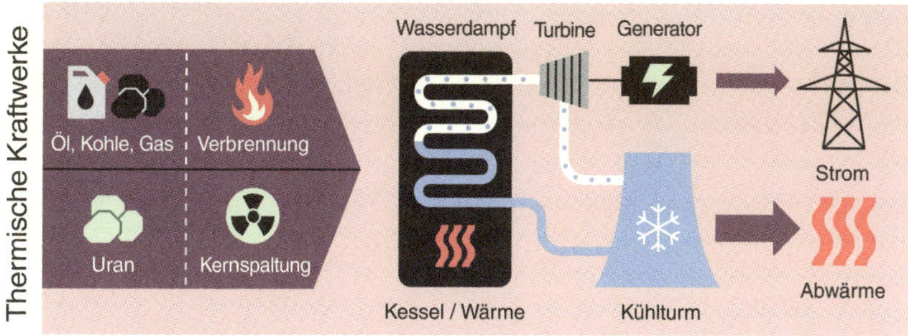


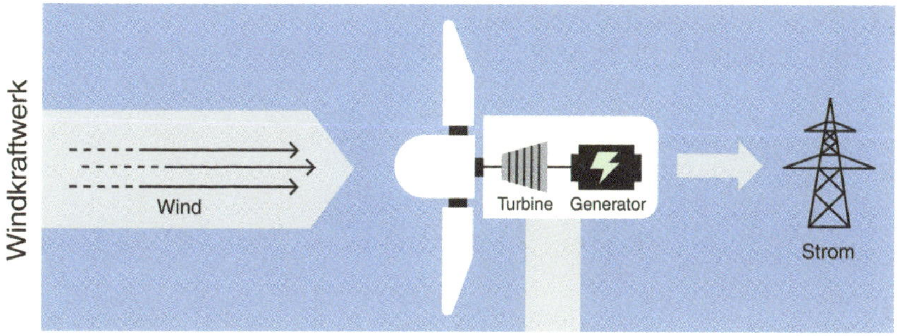


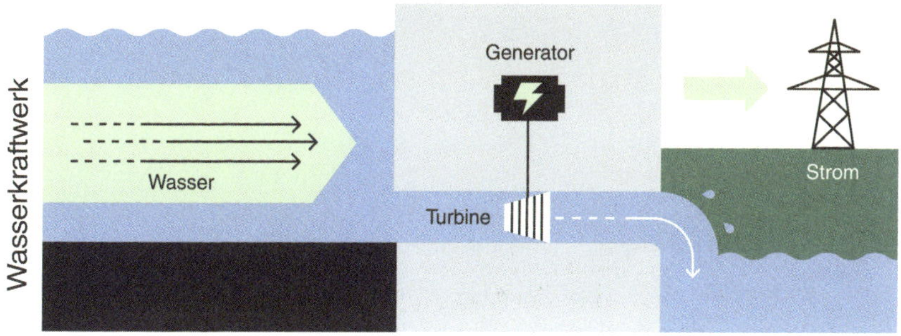


Thermische Kraftwerke folgen alle demselben Prinzip: Ein Brennstoff (Kohle, Gas, Biomasse, Erdöl oder Uran) erzeugt Hitze und wandelt flüssiges Wasser in sehr heißen Dampf um, der seine Energie an eine Turbine abgibt, die über einen Generator Strom produziert. Anschließend muss der nicht mehr nutzbare abgekühlte Dampf wieder zu Wasser kondensiert werden. Dann beginnt der Kreislauf von vorne. Nur ein Teil der im Brennstoff enthaltenen Energie kann dabei in Strom umgewandelt werden. Die restliche Energie, also die Abwärme, wird über Kühlwasser abgeführt – als Wolke über dem Kühlturm oder als erhitztes Flusswasser. Auch in einem Wind- oder Wasserkraftwerk wird eine Turbine angetrieben, die über einen Generator Strom erzeugt, allerdings ohne Verbrennung und ohne Abwärme.

und daher viel ineffizienter als die direkte Nutzung von erneuerbarem Strom. Wie effizient unsere Energieversorgung in Zukunft sein wird, hängt also auch davon ab, wie viel Wasserstoff und E-Fuels wir letztlich benötigen werden.

Übrigens, PV-Anlagen haben einen Wirkungsgrad von 25 Prozent und Windräder von 40–50 Prozent. Warum wird der nicht genutzte Sonnenschein bzw. Wind nicht den Verlusten in unserer Bilanz angerechnet, so wie die nicht genutzte Wärme bei der Verbrennung von Kohle? Das liegt daran, dass Wind und Sonne nicht von uns eingesetzt werden müssen und auch ohne unsere Nutzung ganz natürlich verbraucht werden. Kohle müssen wir zuerst aufwendig aus dem Boden holen, und es gibt dadurch immer weniger davon.

## Was bedeutet das für Familie Müller?

Familie Müller ist hier schon einen Schritt weiter als viele andere. Sie hat sowohl die Heizung auf Wärmepumpe umgestellt als auch ihren Diesel durch ein Elektroauto ersetzt und nutzt dafür sehr effizient Strom direkt von ihrer PV-Anlage auf dem Dach. Lediglich durch ihren Stromspeicher im Keller muss sie Verluste hinnehmen. Die Müllers erzeugen durch diese

Maßnahmen zumindest einen Teil ihrer Energie nicht nur deutlich effizienter als vorher, sondern nutzen ihn durch strombasierte Verbraucher auch effektiver. Für ihren restlichen Strom und die sonstigen Energieverbräuche, zum Beispiel für zukünftige Urlaubsflüge oder Industrieprodukte, ist sie – wie im vorhergehenden Kapitel erläutert – abhängig von den generellen technischen Entwicklungen und den Effizienzgewinnen in der deutschen Energieversorgung. Allerdings hat sie auch hier über ihr Konsumverhalten und ihr gesellschaftspolitisches Engagement Einfluss auf diese Entwicklungen.

Insgesamt haben die Müllers nun die Analyse ihres Energieverbrauchs abgeschlossen. Sie haben einige richtungsweisende Entscheidungen getroffen und dadurch viel an Effizienz gewonnen. Den größten Einfluss auf ihren Energieverbrauch und ihre Energieeffizienz haben die Sanierung des Hauses, das nun mit PV-Anlage, Speicher und Wärmepumpe ausgestattet ist, sowie die Umstellung von zwei Verbrennerautos auf ein Elektroauto. Hinzu kommt in kleinerem Maße, dass Urlaubsflüge etwas seltener und vorerst nur innerhalb Europas stattfinden sollen und sie vermehrt regionale Lebensmittel und insgesamt etwas weniger Dinge kaufen wollen. In der Summe haben sie durch diese Anstrengungen ihren Energieverbrauch sogar noch deutlich weiter reduziert, als es die Szenarien für 2045 für Deutschland vorsehen.

Die Familie Müller hat sich in den ersten Kapiteln dieses Buchs systematisch überlegt, wie sie ihren Energieverbrauch senken kann. Insbesondere die Themen Gebäude, Heizung und Mobilität hatten dabei den größten Einfluss auf ihren Einsparerfolg. Auf diese Sektoren sollten wir uns auch in Deutschland konzentrieren, hier gibt es das größte Einsparpotenzial.

# Die Müllers bisher

100,0
kWh pro Person und Tag

Die Müllers besitzen einen Diesel für längere Strecken und einen Benziner für die Stadt.

In vielen Bereichen ihres Lebens greift die Familie für ihren Energiebedarf auf fossile Brennstoffe zurück.

Die Familie macht alle 2 Jahre eine Fernreise mit dem Flugzeug.

Das Haus ist auf einem baulichen Stand von 1970, Fenster sind einfach verglast, das Dach ist nicht isoliert. Geheizt wird es mit einer Ölheizung.

Die Familie isst mehrmals pro Woche Fleisch. Über Herkunft oder ökologischen Fußabdruck ihrer Einkäufe macht sie sich bisher wenig Gedanken.

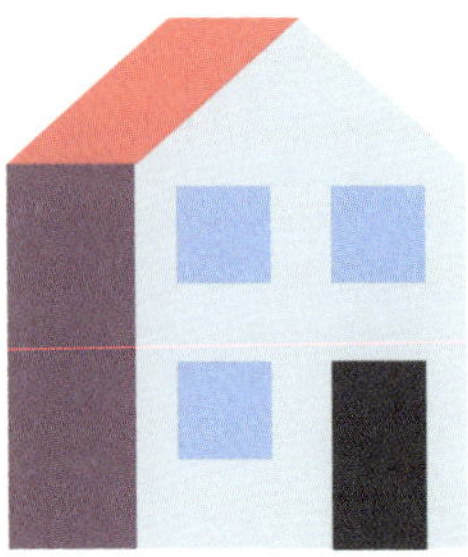

< 70,0
kWh pro Person und Tag

# Die Müllers zukünftig

Statt zwei Verbrennern hat die Familie nun ein Elektroauto und nutzt vermehrt die Öffentlichen.

Durch die Elektrifizierung von Heizung und Mobilität profitiert die Familie von großen Effizienzgewinnen.

Urlaubsflüge finden seltener und meist nur noch innerhalb Europas statt.

Produkte sollen vermehrt regional eingekauft werden. Der Konsum von Fleisch- und Milchprodukten wird reduziert.

Das Haus wurde komplett saniert und mit einer PV-Anlage und Stromspeicher ausgestattet. Geheizt wird das Haus nun mit einer Wärmepumpe.

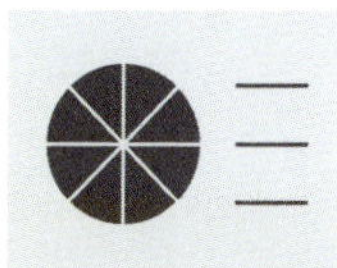

# Energieversorgung: Einsparpotenzial bis 2045

Die Umstellung auf erneuerbaren Strom führt nicht nur zur Vermeidung von $CO_2$-Emissionen und einer geringeren Abhängigkeit von Energieimporten, sondern sie hat auch einen direkten Einfluss auf die Effizienz unseres Energiesystems in Deutschland:

- Der Energieverbrauch für die Produktion und Bereitstellung von Strom wird deutlich geringer werden, da elektrischer Strom, der aus Wind, Sonne und Wasserkraft gewonnen wird, mit viel weniger Verlusten einhergeht als Strom aus Kohle- oder Gaskraftwerken.
- Durch den weitgehenden Verzicht auf Benzin, Diesel und Heizöl fallen die Verluste bei deren Herstellung aus Erdöl weg.
- Andererseits müssen die zeitlichen Schwankungen von Wind- und Sonnenstrom ausgeglichen werden. Neben einem flexibleren Energieverbrauch muss dazu Energie zum Beispiel in Batteriespeichern, Pumpspeicherkraftwerken, Wärmespeichern, als Wasserstoff oder E-Fuels zwischengespeichert werden, wobei immer ein Teil der gespeicherten Energie verloren geht.
- Weitere Ineffizienzen und Verluste entstehen durch einen hohen Bedarf an grünem Wasserstoff und E-Fuels für Bereiche, die nicht oder nur schwer elektrifiziert werden können, zum Beispiel der Flugverkehr oder gewisse Prozesse in der Industrie.

Diese Entwicklungen zeigen sich auch in unserer Bilanz für 2045, die nun vollständig ist. Auch wenn die Effekte zum Teil gegenläufig sind, sinken die Verluste für die Bereitstellung und Verteilung in unserem Energiesystems von 25 kWh auf 16 kWh pro Tag und Person.

Der Primärenergieverbrauch insgesamt könnte damit bis 2045 von 100 kWh pro Tag und Person auf knapp 70 kWh pro Tag und Person sinken, also um ca. 30 Prozent. Der Endenergieverbrauch würde im selben Maße von 75 kWh auf 53 kWh pro Tag und Person fallen. Und das alles ohne Einbußen an Komfort: Wir fahren in diesen Szenarien sogar etwas mehr Kilometer mit dem Auto als jetzt, produzieren und transportieren mehr Waren, und unsere Häuser sind genauso warm wie heute.
Das wirtschaftliche Wachstum ist also mitberücksichtigt. Das alles ist nur möglich, weil wir insgesamt deutlich effizienter geworden sind, insbesondere durch die Elektrifizierung der Bereiche Heizung und Verkehr und aufgrund einer effizienteren strombasierten Energieversorgung.

Aber reicht das? Können wir damit klimaneutral werden? Brauchen wir trotzdem noch Energieimporte, und wenn ja, wie viel? Bevor wir das diskutieren, möchten wir Ihnen noch etwas Hintergrundwissen zu einigen wichtigen Aspekten unserer neuen Energiewelt mitgeben.

Entwicklung des deutschen Energieverbrauchs in kWh pro Person und Tag in einem realistischen Zukunftsszenario: Die Effizienz der Energieversorgung wird durch zunehmende Elektrifizierung und den Ausbau erneuerbarer Energien steigen, und dadurch könnten sich die Verluste für die Energiebereitstellung von 25 kWh auf 16 kWh reduzieren. (Zahlen nach AG Energiebilanzen e. V. und Ariadne-Energiewendeprojekt)

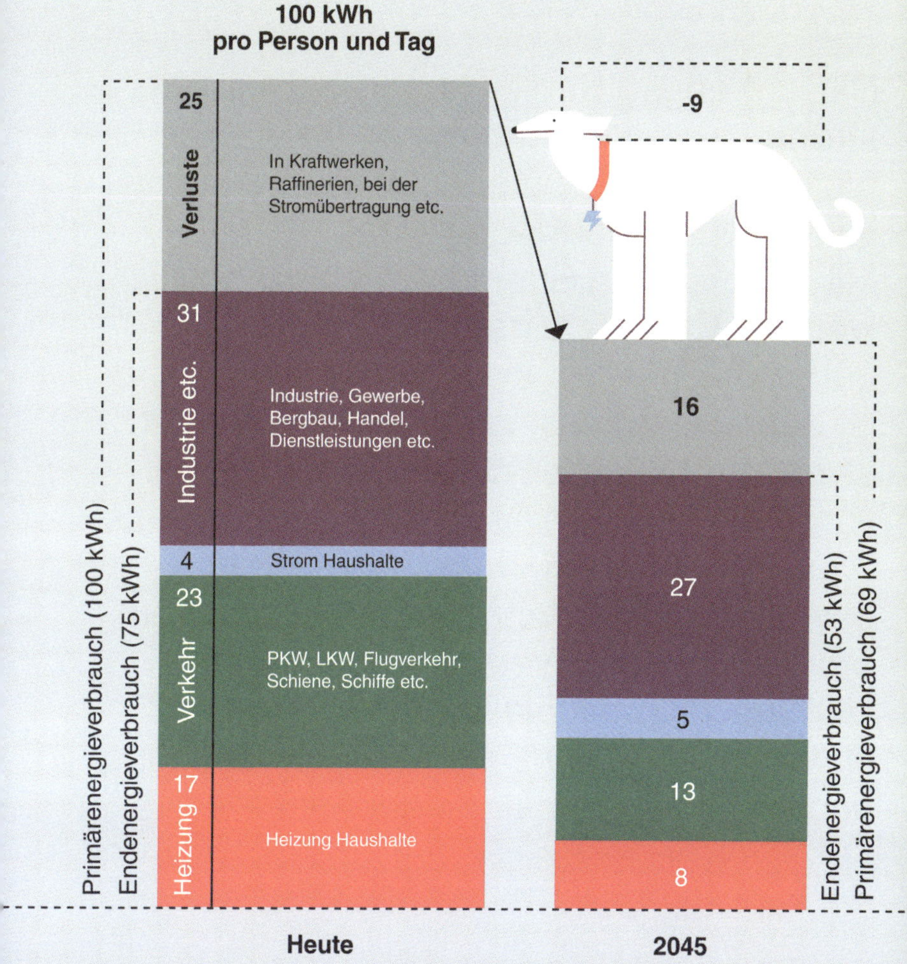

# Verbrennung und Effizienz

Die vorherigen Kapitel haben gezeigt, dass strombasierte Technologien wie Elektromotor und Wärmepumpe den Verbrennungstechnologien überlegen sind.
Mit elektrischem Strom müssen wir deutlich weniger Energie einsetzen, um den gleichen Effekt zu erzielen. Entscheidend ist dabei allerdings, dass der Strom nicht selbst zum Großteil durch Verbrennung von Brennstoffen erzeugt wird, sondern aus Wind, Photovoltaik oder Wasserkraft gewonnen wird, denn auch bei der Stromproduktion ist die Verbrennung die ineffizientere Technologie. Warum ist das so?
Dazu wollen wir uns die Energieerzeugung und -nutzung einmal genauer ansehen.

08

# Energie ist nicht gleich Energie

Bei der Energiewende geht es natürlich erst mal um Energie, genauer um die Umstellung von fossilen Energieträgern auf erneuerbare Energien. Aber es geht auch um Effizienz, also um die Frage, ob man dasselbe nicht auch mit weniger Energie erreichen kann. Kann man mit weniger Energie das Haus genauso warm bekommen? Lässt sich das Auto mit weniger Energie genauso weit und genauso schnell bewegen? Können wir mit weniger Energie genauso gut und schnell digital kommunizieren?

Dazu müssen wir einen etwas genaueren Blick auf Energie werfen. Nämlich nicht nur auf Energiemengen, sondern auch darauf, wie gut man sie nutzen kann. Und das hat mit Temperaturen zu tun, genauer gesagt, mit Temperaturunterschieden, was zu unterschiedlichen Effizienzen verschiedener Technologien führt.

## Energie – ein Geschenk für uns alle

Zu Beginn möchten wir Ihnen eine Frage stellen: Was würden Sie lieber geschenkt bekommen: 10 Kilowattstunden Wärme oder 10 Kilowattstunden Strom? Beides entspricht derselben Energiemenge.

Überlegen wir uns vielleicht mal, was mehr wert ist. 10 kWh Strom kosten heute auf unserer Stromrechnung ca. 3 Euro. Vergleichen wir das mit Heizöl: Ein Liter (l) davon enthält 10 kWh Energie und kann in der Heizung fast komplett zu 10 kWh Wärme umgewandelt werden. 1 l Heizöl kostet aber nur grob 1 Euro. Damit sollte die Antwort klar sein, oder?

Überlegen wir uns zusätzlich, was „höherwertiger“ ist in dem Sinne, dass man es flexibler einsetzen kann. Mit der Wärme aus 1 l Heizöl kann man nur heizen, aber mit dem Strom kann man viel mehr machen. Man kann mit Strom natürlich auch heizen: In einer Elektroheizung kann man aus 10 kWh Strom exakt 10 kWh Wärme erzeugen. Man könnte damit aber auch für viele Stunden einen Computer betreiben. Dabei wird die Energie im Prozessor ebenfalls 1 zu 1 in Wärme umgewandelt, wie bei der Elektroheizung. Nur hat man hier noch einen weiteren Nutzen, nämlich die Option, zum Beispiel stundenlang ein Computerspiel zu spielen. Oder man nutzt die 10 kWh in einer Wärmepumpe und bekommt damit grob 30 kWh Wärme ins Haus statt 10 kWh aus Heizöl. Mit einem Elektroauto kann man mit 10 kWh ca. 50 km fahren, wobei auch hier die Energie ganz am Schluss zu Wärme wird, nämlich als Restprodukt von Reibung beziehungsweise Abwärme der Komponenten und Bremsen. Und nicht zuletzt kann man Strom über die Stromnetze über weite Strecken transportieren. Das alles geht mit Wärme gar nicht oder nur sehr eingeschränkt.

Strom ist also viel flexibler nutzbar und somit höherwertig als Wärme. Auf den Punkt gebracht: Man kann jederzeit Strom zu 100 Prozent in Wärme umwandeln, aber niemals Wärme zu 100 Prozent in Strom! Bei dieser Umwandlung verpufft physikalisch unüberwindbar wegen des Carnot-Wirkungsgrads immer ein Teil der Energie als Abwärme in die Umgebung. Strom ist also die weit wertvollere Energieform im Vergleich zur Wärme.

Und was ist mit Bewegung als Energieform, also kinetischer Energie? Sie ist im Grunde gleichwertig zu Strom, denn beides kann praktisch verlustfrei ineinander umgewandelt werden, zum Beispiel Strom mit einem Elektromotor in Bewegung oder Bewegung mit einem Dynamo in Strom. Dabei gibt es nur sehr kleine Reibungsverluste. Bewegung ist also ebenfalls höherwertig.

Generell bedeutet Energieverbrauch immer, dass wir höherwertige Energie, sei es Strom oder Bewegung, „entwerten" und in thermischen Abfall – also Wärme – umwandeln, der in der Umwelt landet. Das ist beim Computer so, aber auch beim Auto, das neben der direkten Wärmeabgabe jegliche Bewegung über Luftverwirbelungen, Bremsen und Reifen in Wärme umwandelt. Was wir also verbrauchen, ist die Nutzbarkeit von Energie – die Energie selbst bleibt erhalten.

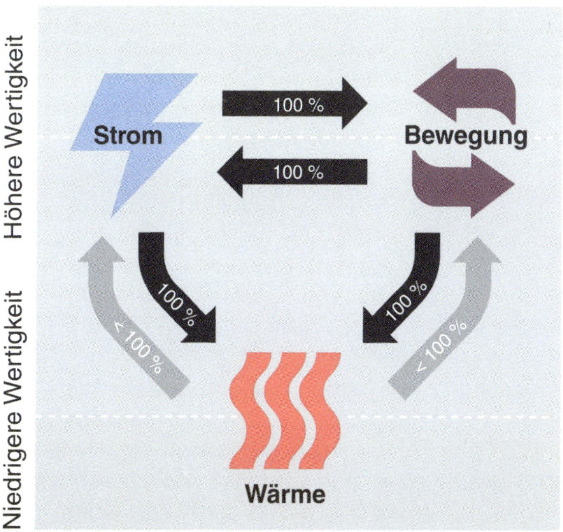


Sowohl Strom als auch Bewegung sind höherwertige Energieformen als Wärme, denn sie sind viel flexibler einsetzbar. Strom und Bewegung können quasi verlustfrei ineinander und jeweils in Wärme umgewandelt werden. Umgekehrt geht das nicht: Wärme kann nicht zu 100 % in Strom oder Bewegung transformiert werden.

# Finger weg, es wird heiß! Das Grundübel der Verbrennung

In unserem herkömmlichen Energiesystem ist bislang meist Verbrennung der erste Schritt bei der Erzeugung von nutzbarer Energie. Für die Stromproduktion verbrennen wir im Kohlekraftwerk Kohle. Genauso läuft es im Gaskraftwerk oder beim Dieselgenerator. Und sogar beim Kernkraftwerk erzeugt die Kernspaltung Hitze, aus der mit einem Generator elektrische Energie gewonnen wird. Und auch beim klassischen Verbrennungsmotor im Auto wird aus der Verbrennung Wärme und daraus Bewegung erzeugt.

Wir wandeln also fast überall Wärme (meist aus der Verbrennung von fossilen Rohstoffen) in Strom oder Bewegung um und müssen dabei unvermeidlich, neben $CO_2$ als Abfallprodukt, zusätzlich ziemlich große Energieverluste in Kauf nehmen. Das ist das Grundübel in einem Energiesystem, das auf fossilen Rohstoffen basiert. Welcher Teil der Energie geht nun bei der Umwandlung von Wärme in Strom oder Bewegung verloren? Und wovon hängt das ab?

## Kalter Kaffee und Entropie

Am einfachsten kann man das mit einer Tasse Kaffee auf dem Küchentisch erklären. Stellen Sie sich vor, Sie stellen unbemerkt von den Blicken Ihrer Familie eine Tasse mit heißem Kaffee in die Küche. Was wird passieren? Die anderen werden diese Tasse Kaffee bemerken, auch wenn sie sie nicht sehen, denn sie werden den Kaffee riechen. Was würde bei einer Tasse mit kaltem Kaffee passieren? Niemand wird etwas riechen, außer Sie halten Ihre Nase direkt über die Tasse.

Was ist der Unterschied zwischen einer heißen und einer kalten Tasse Kaffee? Nun, heißer Kaffee erwärmt die Luft – sie wird weniger dicht und steigt dann auf. Und nimmt den Kaffeegeruch mit. Obwohl auch kalter Kaffee Energie in Form von Wärme gespeichert hat (etwa im Vergleich zur Außentemperatur an einem kalten Tag), bewegt sich in der Küche nichts.

Denn in einer Küche mit gleicher Raumtemperatur kann die im Kaffee gespeicherte Energie nicht genutzt werden. Es ist also der Temperatur**unterschied**, der Dinge in Bewegung setzt. Temperatur alleine ist nicht ausschlaggebend. Entscheidend ist folglich: **Je größer der Temperaturunterschied, desto mehr Wärmeenergie kann in Strom oder Bewegung umgewandelt werden.** Die Effizienz der Energieumwandlung – und damit auch der Energieverlust – hängt also von der Höhe des Temperaturunterschieds ab.

Exakter lässt sich dies mit dem Fachbegriff „Entropie" formulieren. Wärme mit unterschiedlichen Temperaturen bedeutet einen Unterschied in der Entropie. Aber lassen wir die Fachbegriffe beiseite.

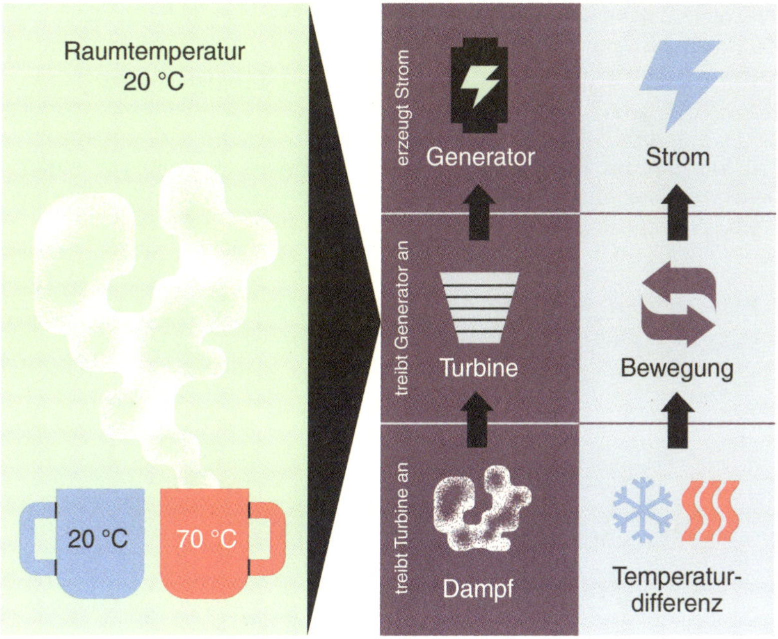


Dampf steigt aus dem Kaffee nur dann auf, wenn dieser heißer ist als die Umgebung. Es ist also die Temperaturdifferenz, die Dinge in Bewegung setzt. Je höher der Unterschied ist, desto mehr bewegt sich und desto effizienter (also mit weniger Wärmeverlusten) lässt sich Wärme in Bewegung umwandeln. Das nutzt man auch in Kraftwerken, wo man Dampf auf sehr hohe Temperaturen erhitzt und damit eine Turbine mit Stromgenerator antreibt. Anschließend kondensiert der stark abgekühlte Dampf wieder.

Was passiert nun im Kohlekraftwerk? Wir nutzen dort die Temperaturdifferenz zwischen dem durch Verbrennung auf grob 650 °C erhitzten Wasserdampf und dem Kühlwasser, was den Wasserdampf auf unter 50 °C abkühlt und kondensieren lässt. Damit kann man theoretisch maximal 65 Prozent der erzeugten Wärme in Strom umwandeln (auch als Carnot-Wirkungsgrad bezeichnet), aber in der Praxis muss man zusätzlich noch einen Abschlag hinnehmen. Die Ingenieure haben in den letzten 200 Jahren lange und hart daran gearbeitet, diesen Abschlag zu verringern. Aber unabhängig davon, wie sehr sich die Ingenieure auch weiterhin anstrengen würden: Mehr als 65 Prozent Effizienz gehen in diesem Fall nicht. In modernen Kraftwerken können wir immerhin 40–50 Prozent der in Kohle gespeicherten Energie in Strom umwandeln. Gegebenenfalls kann man noch einen Teil der Abwärme nutzen, um damit mittels Fernwärme Häuser zu heizen.

Beim Autofahren mit einem klassischen Verbrennungsmotor gelten die gleichen Spielregeln wie beim Kraftwerk. Ein Verbrennerauto kann die im Benzin gespeicherte Energie unmöglich mit 100 Prozent Effizienz nutzen und kommt in der Praxis, wenn es perfekt läuft, auf vielleicht 45 Prozent Effizienz. Dies jedoch nur, wenn der Motor warm ist und durchgehend mit optimaler Drehzahl betrieben wird. Im Durchschnitt erreicht der Verbrennungsmotor eher einen Wirkungsgrad von 20 bis 30 Prozent, und der größte Teil der im Benzin enthaltenen Energie heizt lediglich die Luft über den Straßen. Denn auch im Verbrennungsmotor des Autos wird der Temperaturunterschied genutzt, diesmal derjenige zwischen der Verbrennungstemperatur im Zylinder und der Umgebungsluft.

Übrigens, mit der Abwärme, die Ihr Auto auf der Autobahn bei 100 Stundenkilometern produziert, könnte man im Winter für die Dauer der Autofahrt drei bis vier Einfamilienhäuser heizen.

## Die Sonne übernimmt die Verbrennung

Was hat das alles mit den erneuerbaren Energien und den neuen strombasierten Verbrauchstechnologien zu tun?

Mit erneuerbaren Energien können wir Strom direkt, ohne Verbrennung – und damit ohne die unumgänglichen Verluste – produzieren. Nämlich mithilfe von PV, Wind und Wasserkraft, wie wir im vorhergehenden Kapitel schon gesehen haben. Und diesen Strom können wir dann effizient umwandeln, zum Beispiel in Bewegung in einem Auto mit Elektromotor oder in Wärme in einer Wärmepumpe. Wir schlagen damit zwei Fliegen mit einer Klappe: Wir verhindern das Entstehen von $CO_2$ bei der Verbrennung fossiler Brennstoffe, und wir reduzieren die Verluste bei der Produktion von Strom, Wärme und Bewegung deutlich. Eigentlich übernimmt hier einfach die Sonne die Verbrennung für uns.

Das Licht wird bei einer Temperatur von 6000 °C von der Sonne abgestrahlt und trifft auf die kalte Erde. Diesen Temperaturunterschied nutzen wir im Grunde technisch bei der Photovoltaik. Das PV-Modul nutzt die hohe Wertigkeit des Sonnenlichts direkt, um Strom zu erzeugen. Ein wenig anders ist es bei Wind und Wasserkraft: Diese Technologien wandeln die Bewegung des Windes und des Wassers in Strom um. Aber auch Wind und Regen werden auf der Erde von der Sonne angetrieben – es ist also auch hier letztlich ein Temperaturunterschied, der Wirkungen entfaltet und die natürlichen Energien in Wind und Wasser erzeugt.

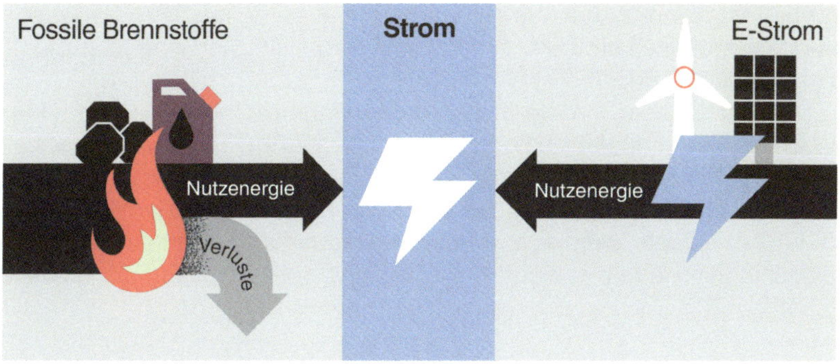


Bisher basierte unsere Stromproduktion vor allem auf der Verbrennung von fossilen Brennstoffen. Wir können den Strom jedoch auch ohne Verbrennung und damit quasi verlustfrei durch Wind, PV oder Wasserkraft erzeugen und sparen dadurch viel Energie ein. Aber auch in Zukunft wird es in unserem Energiesystem Verluste geben, wie wir in Kapitel 7 gesehen haben, etwa für die Energiespeicherung.

## Sollten wir nicht Wärme über Verbrennung erzeugen?

Eine Frage bleibt noch, wenn wir uns das zweite Bild in diesem Kapitel nochmals ansehen: Was ist eigentlich, wenn wir nicht Strom oder Bewegung benötigen, sondern nur Wärme? Zum Beispiel für unser Haus im Winter? Ist es hier nicht egal, ob wir Wärme direkt über Verbrennung erzeugen oder ob wir zuerst Strom produzieren und diesen dann in Wärme umwandeln?

Auf den ersten Blick scheint es keinen Unterschied zu machen, ob wir PV-Strom in einer Elektroheizung oder Erdgas in einer Gastherme in Wärme umwandeln (außer im Hinblick auf den $CO_2$-Ausstoß). Beides erfolgt mit quasi 100 Prozent Effizienz. Aber es macht eben doch einen Unterschied, wenn wir andere Technologien einsetzen.

Um das besser zu verstehen, stellen wir uns vor, wir verwenden das Gas nicht, um daraus 100 Prozent Wärme, sondern nach dem Prinzip eines Blockheizkraftwerks 30 Prozent Strom und 70 Prozent Wärme zu produzieren. Die Wärme nutzen wir direkt im Haus, und mit dem Strom betreiben wir zu Hause einen Computerserver. Dieser wandelt den Strom komplett in Wärme um wie eine Elektroheizung, denn die Prozessoren werden bei der Nutzung heiß. Nun haben wir genauso viel Wärme im Haus, aber zusätzlich noch den Nutzen des Computers! Mit 100 Prozent PV-Strom hätten wir sogar noch mehr Computerleistung zu Hause und trotzdem dieselbe Wärmemenge.

Warum ist das so? Eine Gastherme verbrennt das Gas bei ca. 1000 °C, erzeugt also einen ziemlich großen Temperaturunterschied, obwohl wir nur ca. 30–80 °C warmes Wasser brauchen, je nach Haus. Wir vergeuden bei der Verbrennung von Gas in der Gastherme zwar keine Energie, aber den wertvollen Temperaturunterschied, mit dem wir viel mehr anstellen könnten, als nur warmes Wasser zu machen! Genauso verschwenderisch sind wir, wenn wir mit Strom lediglich eine Elektroheizung betreiben.

Noch krasser wird der Unterschied, wenn wir mit dem Strom eine Wärmepumpe betreiben. Die Effizienz einer Wärmepumpe ist so hoch, wie wir sie mit Verbrennung oder in einer Elektroheizung niemals erreichen können. Wir können nämlich bei einer Wärmepumpe mit dem Strom 3- bis 5-mal mehr Wärme im Haus generieren als durch die direkte Umwandlung von Strom in einer Elektroheizung oder durch Erdgas in einer Gastherme.

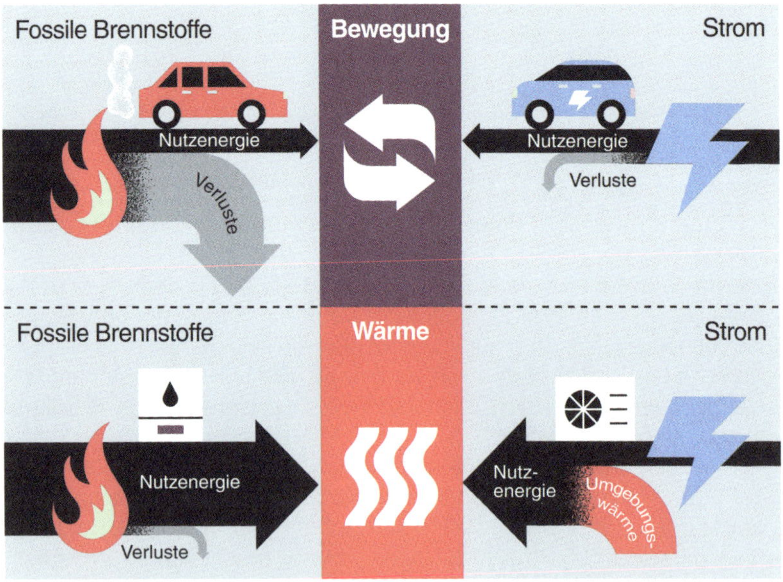


Für unsere Mobilität und für die Heizung von Gebäuden haben wir bisher vor allem fossile Brennstoffe eingesetzt. Doch wir können auch ohne Verbrennung Auto fahren und heizen und müssen dabei für dieselbe Menge an Nutzenergie deutlich weniger Energie in Form von Strom einsetzen als bei der Nutzung von Erdöl, Erdgas oder Kohle.

Das sieht vielleicht nach Zauberei aus, ist es aber nicht, wie wir im Kapitel über die Heizung gesehen haben. Wir nutzen den Strom lediglich, um Wärme von draußen ins Haus zu „pumpen", und es kommt dabei deutlich mehr Wärmeenergie im Haus an, als das Pumpen verbraucht. Aber auch hier gilt: Voll zum Tragen kommt der Vorteil nur, wenn der Strom nicht selbst durch Verbrennung von Kohle erzeugt wird, sondern aus Wind, Photovoltaik oder Wasserkraft kommt.

# Die Verbrennungstechnologien sind verbrannt

Es zeigt sich: Quasi alle Verbrennungstechnologien sind den strombasierten Techniken unterlegen. Das wissen wir schon lange und handeln auch danach.

Die Bahn fuhr in ihren Anfangstagen bis Mitte des 20. Jahrhunderts mit Kohle und hat eindrucksvolle Rauchschwaden hinterlassen, und auch das Dampfablassen war weithin hörbar und hat es bis zur Redewendung geschafft. Heute fährt die Bahn elektrisch, U-Bahn und Tram tun das schon seit über 100 Jahren. Das ist einfacher und verträglicher für Mensch und Umwelt, und vor allem ist es auch entscheidend effizienter. Auch im Straßenverkehr werden sich strombasierte Technologien durchsetzen, die Frage ist nicht ob, sondern nur wann. Es ist eine logische technologische Evolution, die wir hier beobachten. Und am besten ist es, wenn wir bei dieser Entwicklung vorne mit dabei sind.

Auch Neubauten werden mit Wärmepumpen wesentlich effizienter warm gehalten. Lediglich eine kleine Heizungsanlage ist bei einem gut isolierten Haus nötig, um den Temperaturunterschied zwischen innen und außen aufrechtzuerhalten. Und das lässt sich mit Strom viel effizienter bewältigen als durch Verbrennung.

Nur industrielle Prozesse, die wirklich hohe Temperaturen über 1000 °C benötigen, und Prozesse, die den Kohlenstoff aus einer chemischen Verbindung lösen, zum Beispiel bei der Stahl- oder Zementproduktion, sind strombasiert nur schwierig oder gar nicht umsetzbar. Aber auch hierfür gibt es eine $CO_2$-freie Alternative, nämlich grünen Wasserstoff. Ihn haben wir im Buch ja schon öfter erwähnt. Im vorletzten Kapitel wollen wir hierauf noch etwas detaillierter eingehen.

## Strom ist die Zukunft

Zusammenfassend lässt sich sagen, dass die Kombination von erneuerbarer Stromproduktion durch Wind, PV und Wasserkraft mit strombasierten Verbrauchstechnologien die Effizienz unseres Energiesystems deutlich erhöhen wird. Unser Primärenergieverbrauch wird erheblich sinken, ohne dass wir dabei auf etwas verzichten müssten.

Es gibt aber doch noch ein paar offene Fragen: Können wir überhaupt so viel Strom bezahlbar erzeugen, dass wir damit auch noch Auto fahren und heizen können? Haben wir die Infrastruktur und die Stromleitungen dafür? Können unsere Stromnetze weiterhin stabil und ohne Blackout das Land versorgen? Und was machen wir, wenn die Sonne nicht scheint und der Wind nicht weht? Das Wetter richtet sich ja nicht nach unserem Energiebedarf. Das sind berechtigte und zentrale Fragen für unsere zukünftige Energieversorgung, auf die wir im nächsten Kapitel eingehen wollen.

Übrigens, welche erneuerbaren Quellen werden in Deutschland eigentlich die Hauptrolle spielen? Die Liste ist gar nicht so lang: Sonne, Wind, Wasserkraft, Biomasse und Geothermie. Wasserkraft liefert nur einen kleinen Beitrag, der hierzulande nicht gesteigert werden kann. Mehr Biomasse ist bei uns auch kaum möglich. Geothermie wird man zwar noch ausbauen, aber deren Potenzial liegt weit unter dem von Wind und Sonne, die das Rückgrat der Energiewende sein werden. Und diese beiden werden dann noch mehr sichtbar werden.

# Blackout und Dunkelflaute

In Zukunft werden in vielen Bereichen strombasierte Technologien die Verbrennung verdrängen, etwa bei Mobilität, Heizung und in Teilen der Industrie. Doch was bedeutet das für unseren zukünftigen Strombedarf? Wird der nicht explodieren und unermesslich groß werden? Bleibt unsere Stromversorgung so sicher wie bisher oder drohen Blackouts? Was machen wir bei Dunkelflauten? Und ist das alles nicht sogar ein Widerspruch zu unserem Ziel, unseren Energieverbrauch zu reduzieren?

09

# Stromverbrauch der Zukunft

Gehen wir doch mal beispielhaft ein paar Bereiche durch und schätzen ab, wie stark der Stromverbrauch steigen würde, wenn wir diese komplett elektrifizieren würden. Das gibt uns einen Anhaltspunkt für die Größenordnung des zukünftigen Strombedarfs. Vergessen dürfen wir dabei aber nicht, dass wir gleichzeitig viel fossile Energie einsparen, wenn wir Benzin, Heizöl, Kohle oder Gas nicht mehr nutzen, sondern eben elektrische Energie.

## PKW

Relativ einfach lässt sich der heutige Benzin- und Dieselbedarf für die PKW in Deutschland recherchieren und mit ein paar einfachen Überschlagsrechnungen abschätzen, wie viel Strom benötigt würde, wenn man alle diese PKW auf batterieelektrische Fahrzeuge umstellen würde. Könnten wir dafür genügend Strom produzieren?

Angenommen, jeder PKW wäre morgen per Zaubertrick ein E-Auto, und kein Diesel- oder Benziner-Personenfahrzeug würde mehr auf unseren Straßen fahren, dann würde unser Stromverbrauch um gerade mal 25 Prozent steigen. Merken Sie sich diese Hausnummer von 25 Prozent und fragen Sie beim nächsten Smalltalk über das Thema E-Autos Ihr Gegenüber doch mal, was er oder sie so schätzen würde. Vermutlich wird die Spannbreite der Schätzungen Ihrer Gesprächspartner gewaltig sein. Mancher glaubt, man könne elektrisch Auto fahren und der Strombedarf würde sich kaum erhöhen, andere sind der Überzeugung, der Strombedarf würde sich verzehnfachen, also um 900 Prozent ansteigen.

## LKW

Würde man den gesamten Güterverkehr auf der Straße auf E-Mobilität umstellen, dann bedeutete das einen Mehrbedarf an Strom von rund 15 Prozent. Ob diese Umstellung flächendeckend sinnvoll ist oder nicht, wollen wir an dieser Stelle nicht diskutieren. Es geht uns hier lediglich um ein Verständnis für die Größenordnungen.

Zusammengenommen bedeutet das: Falls wir den gesamten Verkehr – also PKW und LKW – auf deutschen Straßen in Zukunft elektrisch betreiben, haben wir einen um ca. 40 Prozent höheren Strombedarf.

## Wärmepumpen

Würden wir heute, ohne energetische Sanierung der Häuser, alle Gasheizungen, alle Ölheizungen und alle sonstigen fossil betriebenen Heizungen auf Wärmepumpen umstellen, dann würden wir noch mal grob 40 Prozent mehr elektrische Energie benötigen. Das Problem wäre natürlich, dass sich dieser Mehrbedarf ganz und gar nicht gleichmäßig über das Jahr verteilt. In einer kalten Winterwoche mit deutlichen Minusgraden würde unser Stromnetz eine gewaltige Last zu tragen haben, und unsere heutigen Netze wären damit überfordert. Deshalb benötigen wir eine Wärmewende, die außer auf Wärmepumpen auch auf Holz, Geothermie, Fernwärme und vor allem auf die energetische Sanierung von Gebäuden und auf den Netzausbau setzt.

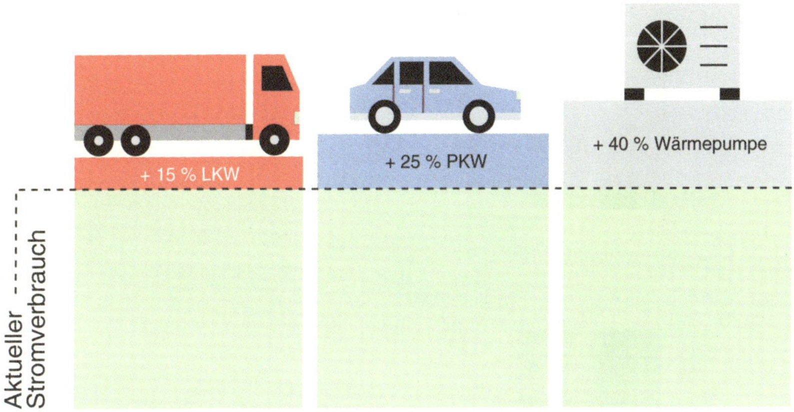


Um wie viel würde unser Stromverbrauch pro Jahr bei kompletter Elektrifizierung von Verkehr und Heizung steigen? Wären alle LKW und PKW plötzlich reine Elektrofahrzeuge, hätten wir zusammen einen um 40 % höheren Strombedarf. Würden wir alle mit Gas und Öl beheizten Häuser ohne zusätzliche Dämmung auf Wärmepumpen umstellen, dann würden nochmals 40 % mehr Strom benötigt. Dieser zusätzliche Strom für die Wärmepumpen würde allerdings nur in ein paar wenigen Wintermonaten anfallen.

## Strombedarf im Jahr 2045

Zählen wir unsere drei obigen Posten – LKW, PKW, Wärmepumpe – zusammen, dann würden wir damit unseren Strombedarf von heute fast verdoppeln. Aber auch die Industrie benötigt in Zukunft mehr Strom.

Realistische Szenarien für 2045 zeigen uns, dass sich der Strombedarf bei konsequenter Elektrifizierung aller Sektoren von heute 17 Kilowattstunden auf zukünftig 39 Kilowattstunden pro Person und Tag erhöhen, also voraussichtlich mehr als verdoppeln könnte.

Das ist kein Pappenstiel und verdeutlicht, was für eine gewaltige Aufgabe es ist, von fossilen Brennstoffen loszukommen. Aber die strombasierten Lösungen bleiben mit Abstand die effizientesten, denn im Gegenzug zur Erhöhung unseres Strombedarfs würde ein Mehrfaches dieser Energie auf der fossilen Seite eingespart – insgesamt würde unser Energiebedarf dadurch also deutlich sinken! Voraussetzung ist jedoch ein beherzter Ausbau der strombasierten Infrastruktur: Netze, Digitalisierung, Stromerzeugung mit Erneuerbaren und Speicher.

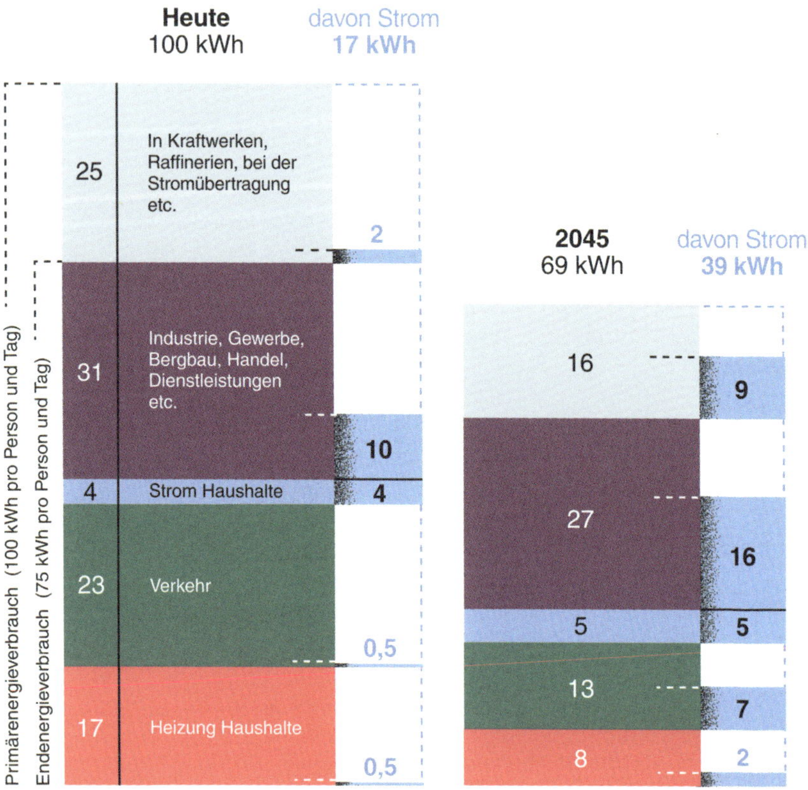


Nach dem Szenario des Ariadne-Energiewendeprojekts für 2045 fällt der Primärenergiebedarf von 100 kWh auf knapp 70 kWh pro Person und Tag, aber gleichzeitig steigt der Strombedarf auf mehr als das Doppelte. In diesem Szenario sind übrigens Wirtschaftswachstum und erhöhte Mobilität in Deutschland miteingerechnet. (Zahlen nach AG Energiebilanzen e. V. und Ariadne-Energiewendeprojekt)

# Strominfrastruktur der Zukunft

Wir stehen also vor einem gewaltigen Umbau unserer Strominfrastruktur, der zudem schon längst begonnen hat, und zwar nicht nur bei uns in Deutschland, sondern weltweit. In den letzten Jahren wurde zwar der Ausbau der Erneuerbaren in Form von Photovoltaik und Windrädern vorangetrieben. Aber die sonstige Infrastruktur haben wir zum Teil sträflich vernachlässigt. Einige wichtige Entwicklungen wollen wir ansprechen.

## Stromnetze

Allem voran sind leistungsfähige Stromnetze eine wichtige Voraussetzung für unsere zukünftige Energieversorgung. Denn durch sie können wir mehr Strom über weitere Strecken fließen lassen und regionale Schwankungen in der Stromproduktion durch Wind und Sonne überregional oder sogar international ausgleichen. Sie sind also ein Garant für die Stabilität unserer Stromversorgung.

Hierbei wird unterschieden einerseits zwischen dem sogenannten Übertragungsnetz über weite Strecken, also zum Beispiel von Nord- nach Süddeutschland oder gar zwischen europäischen Ländern, und anderseits dem sogenannten Verteilnetz, also der Verteilung des Stroms von großen Knotenpunkten des Übertragungsnetzes zum Endverbraucher bei niedrigeren Spannungen.

Während wir bei den Übertragungsnetzen durch einige neue Stromtrassen schon Fortschritte verzeichnen, haben die Planungen für die Verteilnetze erst vor wenigen Jahren begonnen. Diese spielen aber eine große Rolle, denn sie müssen zum einen genügend Strom für E-Autos und Wärmepumpen zu den Verbrauchern bringen, zum anderen lokal den Strom von vielen PV- und Windkraftanlagen aufnehmen und zurück zu den Knotenpunkten leiten, damit er in andere Regionen verteilt werden kann. Generell kann man sagen, dass der Ausbau der Stromnetze dem Ausbau der Erneuerbaren um fünf bis zehn Jahre hinterherhinkt und diese mangelhafte Infrastruktur schon bald den weiteren Ausbau der Erneuerbaren bremsen könnte.

Übrigens, Stromimporte und -exporte zwischen europäischen Ländern sind nicht Ausdruck von Schwäche oder Stärke der eigenen Strominfrastruktur, sondern ein Zeichen eines funktionierenden Marktes. Es wird immer der günstigste Strom genutzt anstelle von momentan teureren Kraftwerken im eigenen Land.

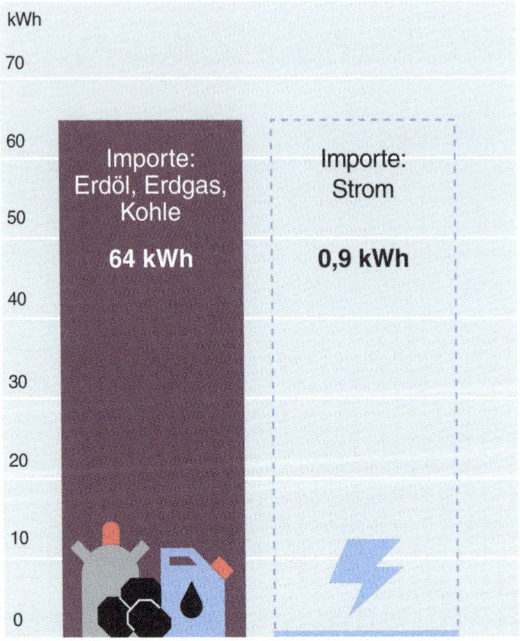


Energieimporte im Jahr 2024: Während wir im Schnitt 64 kWh pro Person und Tag in Form von Erdöl, Erdgas und Kohle netto (also Import minus Export) importiert haben, lag der Netto-Import von Strom bei nur 0,9 kWh pro Person und Tag. Das sind 5 % unseres Stromverbrauchs und knapp 1 % unseres gesamten Energieverbrauchs. Dennoch schaffte es vor allem diese Zahl in die Schlagzeilen. (Zahlen nach AG Energiebilanzen e.V.)

## Digitalisierung, Flexibilisierung des Stromverbrauchs und mehr Marktwirtschaft

Strom wird zum Teil wie auch Aktien an einer Börse gehandelt – unter anderem an der Energiebörse in Leipzig. Der aktuelle Strompreis für eine bestimmte Region ist dabei ein sehr gutes Signal, ob wir dort gerade zu viel oder zu wenig Strom produzieren und wie groß die Nachfrage dort ist. Deutschland und Luxemburg zusammen bilden dabei eine Preiszone. Haben wir also in dieser Region wenig erneuerbare Produktion, etwa im Winter bei wenig Wind, steigt der Strompreis typischerweise. Umgekehrt gibt es an einem sonnigen Sonntag im Sommer oder einem sehr windigen Tag mit wenig Verbrauch viel Strom, und der Preis geht nach unten oder wird sogar negativ – man bekommt also Geld, wenn man den Strom abnimmt.

An diesen Schwankungen ist aus ökonomischer Sicht erst mal nichts auszusetzen, weil sie Anreize für eine flexiblere Nachfrage setzen, Speicherbetreibern ein Geschäftsmodell bieten und langfristig Investitionen auslösen können. Von diesen Schwankungen bekommen Privatverbraucher aber nichts mit, denn Versorger – wie auch die Industrie – decken sich schon meist durch langfristige Verträge zu einem festen Preis mit Energie ein.

Besser wäre es, wenn auch die Endkunden einen variablen Strompreis hätten, wie das zum Beispiel in Norwegen oder Schweden der Fall ist. Denn der Preis ist ein sehr einfaches Signal, das vieles steuern könnte:

Was ist jetzt im Augenblick besser: einen Stromspeicher aufzuladen oder ihn zu entladen? Soll man das Auto jetzt laden, oder soll man noch ein paar Stunden warten? Voraussetzung dafür sind aber sogenannte intelligente Stromzähler, auch „Smartmeter" genannt, die nicht nur den Stromverbrauch insgesamt messen, sondern auch, wann er verbraucht beziehungsweise ins Netz eingespeist wird. Leider hinkt Deutschland diesbezüglich anderen europäischen Ländern weit hinterher, wie insgesamt bei der Digitalisierung.

Übrigens, heutzutage werden private Batteriespeicher sowie E-Autos dann aufgeladen, wenn auf dem Dach mehr PV-Strom erzeugt wird, als im Haus verbraucht wird. Erst wenn die Speicher voll sind, wird ins Netz eingespeist. Dadurch werden morgens Batterien geladen, obwohl der PV-Strom im Netz benötigt wird. Und mittags, wenn es mehr als genügend PV-Strom gibt, aber die Batterien schon voll sind, wird ins Netz eingespeist, und die Netzbetreiber raufen sich die Haare. Flexible Strompreise und Vergütungen würden hier Abhilfe schaffen.

Zudem bekommen die größten industriellen Verbraucher in Deutschland große Abschläge beim Strompreis, wenn sie möglichst konstant über das ganze Jahr Strom verbrauchen. Das hat historische Gründe, weil früher die Braunkohle- und Kernkraftwerke möglichst konstant laufen sollten. Heute wäre es von Vorteil, einen flexiblen Stromverbrauch zu belohnen.

Hier ist vor allem die Politik gefragt. Neben der Flexibilisierung des industriellen Stromverbrauchs könnten mit mehr Smartmetern in Privathäusern PV-Anlagen, private Speicher und E-Autos stabilisierend ins Stromnetz eingebunden werden. Speicher und E-Autos würden dann vor allem mittags bei günstigen Strompreisen aufgeladen, was die Netze entlasten würde. Zudem würde das ermöglichen, Strom aus privaten Speichern oder E-Autos wieder ins Netz einzuspeisen, wenn der Preis hoch, also der Strom knapp ist. Dabei könnte man dann sogar mit dem eigenen Speicher Geld verdienen. In anderen Ländern funktioniert das zum Teil schon.

Es gibt aber ein weiteres Problem: Ein einheitlicher Strompreis in einer Region funktioniert nur dann korrekt als Signal für den Stromverbrauch, falls der Strom innerhalb der Region beliebig verteilt werden kann, zum Beispiel von Nord- nach Süddeutschland oder umgekehrt. Das ist aber im Augenblick nicht der Fall, weil es zu wenig große Stromtrassen gibt. Ein Vorschlag von Experten ist deswegen, Deutschland in fünf oder mehr Preiszonen aufzuteilen, in denen dann jeweils der Preis der realen Verfügbarkeit des lokalen Stroms entspricht. Wir hätten damit einen viel besser funktionierenden Strommarkt – im Grunde ist dieser Schritt überfällig.

Auch kann man die Netzentgelte, also die Gebühren für die Nutzung des Stromnetzes, variabel gestalten je nach Auslastung. Dann würde bei hohem Stromangebot nicht mehr jede produzierte Kilowattstunde eingespeist. Damit könnte man die Netzauslastung auch lokal optimieren und das Stromnetz kann etwas kleiner dimensioniert werden, was Kosten sparen würde.

Aufgrund der fehlenden Übertragungskapazitäten kommt es in Deutschland zum Teil zu absurden Situationen, zum Beispiel bei viel Wind im Norden und wenig Sonne im Süden. Weil es nur eine Preiszone für Deutschland gibt, ist der Strompreis auch in Süddeutschland niedrig, weshalb dann selbst dort viel Strom verbraucht oder ins Ausland exportiert wird. In den Süden kann der Strom wegen fehlender Leitungen in der benötigten Menge jedoch gar nicht transportiert werden. Dort müssen Gaskraftwerke einspringen, die teuer sind. Und da der Strom in Norddeutschland nicht ganz verbraucht werden kann, werden Windkraftanlagen zum Teil abgeregelt, also gestoppt. Für die Zusatzkosten der Gaskraftwerke und einen Teil der Verluste der Windkraftbetreiber muss der Netzbetreiber aufkommen. Die Ausgaben gibt er in Form von Netzentgelten weiter an die Endverbraucher. Diese Maßnahme wird als Redispatch bezeichnet. Zusätzliche große Stromtrassen, variable Netzentgelte je nach Netzauslastung und mehrere Strompreiszonen in Deutschland würden das Problem maßgeblich reduzieren, wobei variable Netzentgelte und Strompreiszonen deutlich schneller umsetzbar wären.

## Dunkelflauten, Stromspeicher und Back-up-Kraftwerke

Wenn zukünftig Windkraft und Sonnenenergie den Großteil des Stroms produzieren sollen, dann stellt sich natürlich die Frage: Was passiert, wenn einmal die Sonne nicht scheint (nachts oder im Winter) und gleichzeitig wenig Wind weht? Gehen dann bei uns die Lichter aus? Die zuvor beschriebene Flexibilisierung des Stromverbrauchs und die Einbindung privater Stromspeicher würden das Problem zwar reduzieren,

aber noch nicht lösen. Unterscheiden müssen wir zudem zwischen Kurzzeitschwankungen im Tagesverlauf und längeren Dunkelflauten von mehreren Tagen bis Wochen.

Für den Ausgleich der Kurzzeitschwankungen, wie wir sie als Preisspitzen an der Strombörse sehen, werden in Zukunft vor allem Batterien sorgen. Der Ausbau großer stationärer Batteriespeicher nimmt seit Kurzem stark an Fahrt auf, weil die Preise für Lithium-Ionen-Akkus sehr stark gefallen sind und weiter fallen. Zudem ist die technische Entwicklung sehr rasant, und es kommen neue Speichertypen, wie Natrium-Ionen-Batterien, mit vielen Vorteilen auf den Markt. Hier hat sich eine große Dynamik entwickelt, die kaum jemand so vorhergesehen hat.

Für den Ausgleich länger andauernder Dunkelflauten werden wir Back-up-Kraftwerke, sogenannte Residualkraftwerke, errichten und einsetzen müssen. Vorerst werden diese noch mit fossilen Brennstoffen, vor allem mit Erdgas, betrieben. Langfristig eignet sich voraussichtlich grüner Wasserstoff am besten für diesen Einsatz, doch haben wir bisher noch wenige solche Produktionsanlagen. Auch hier wären politische Weichenstellungen und Investitionen sehr wichtig, wie wir im nächsten Kapitel noch diskutieren werden.

Residualkraftwerke zeichnen sich dadurch aus, dass sie relativ günstig gebaut und jederzeit eingeschaltet werden können, wenn sie gebraucht werden. Und da sie nur selten laufen, ist es nicht so entscheidend, ob der Brennstoff teuer ist. Das trifft vor allem auf Gaskraftwerke zu. Im Gegensatz dazu werden die Kosten von Kohle- oder Kernkraftwerken vor allem durch die Investitionskosten dominiert. Diese Kraftwerke können (wenn überhaupt) nur profitabel betrieben werden, wenn sie fast rund um das Jahr auf Vollbetrieb laufen. Das ist aber mit einem weiteren Ausbau von günstiger Photovoltaik und Windkraft nicht vereinbar, denn es wird viele Stunden geben, in denen diese genug und quasi kostenlosen Strom produzieren. Wir benötigen also technisch und ökonomisch flexible Back-up-Kraftwerke. Wie viele solcher Gaskraftwerke wir wirklich in Zukunft benötigen werden, ist Gegenstand von Diskussionen. Es würde sich jedoch empfehlen, diese Art Kraftwerke lediglich nach Bedarf auszubauen und die Entwicklungen zu beobachten, bevor man in einen großen Kraftwerkspark investiert, der dann womöglich gar nicht gebraucht wird.

Eine interessante Rolle könnten zudem Biogaskraftwerke einnehmen. Bisher liefern sie typischerweise Strom rund um die Uhr. Allerdings sind sie prinzipiell gut geeignet, flexibel bei Bedarf einzuspringen. Aber auch hier ist die Politik gefragt, weil viele Förderungen demnächst auslaufen und dann Anlagen rückgebaut werden. Zudem müssen weitere Anreize gesetzt werden, Biogaskraftwerke als flexible Stromproduzenten einzusetzen, wozu unter anderem größere lokale Gasspeicher nötig sind.

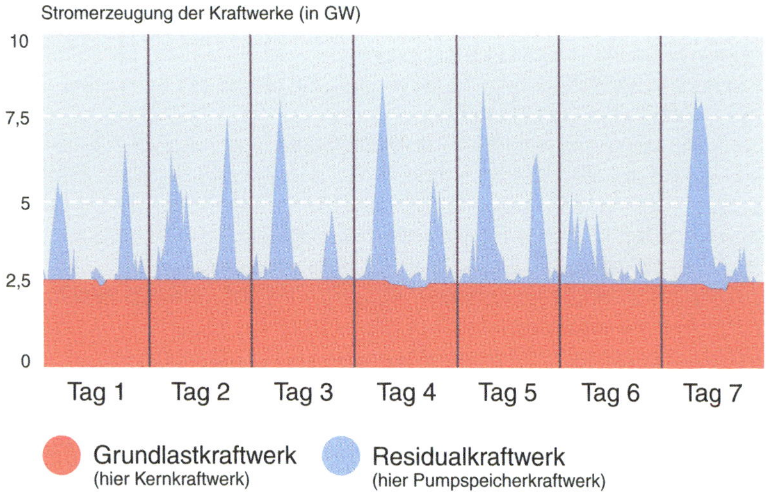


Grundlastkraftwerke (zum Beispiel Kernkraftwerke) werden aufgrund der hohen Investitionskosten üblicherweise ganz anders eingesetzt als Residualkraftwerke (zum Beispiel Gas- oder Pumpspeicherkraftwerke), wie eine typische Woche im Mai 2022 zeigt, als es in Deutschland noch Kernkraftwerke gab. Während diese rund um die Uhr gleichmäßig Strom produzierten (hier mit 2,5 GW Leistung), wurden Pumpspeicherkraftwerke kurzfristig angeschaltet, je nach Bedarf, meist morgens und abends. (Daten nach Bundesnetzagentur, smard.de)

Übrigens, im Augenblick gibt es in Deutschland genügend fossile Kraftwerke, die jederzeit bei wenig Wind- und Sonnenstrom einspringen können. Aber manchmal ist es günstiger, Strom aus dem Ausland zu importieren, als diese Kraftwerke hochzufahren.

### Blackout und Netzstabilität

Wie sieht es mit der Netzstabilität aus? Erhöht sich durch die Erneuerbaren nicht die Gefahr eines großflächigen Blackouts, wie er zum Beispiel im April 2025 in Spanien und Portugal geschah? Entscheidend hierfür ist die sogenannte Momentanreserve, die das Stromnetz bei ganz kurzfristigen Schwankungen im Bereich von Sekunden oder Minuten stabil hält. Bisher haben diese Aufgabe die in den großen Kraftwerken rotierenden Generatoren übernommen, die wie Schwungscheiben Energie gespeichert haben. Die gibt es bei PV-Anlagen nicht mehr. Allerdings kann die Momentanreserve sehr einfach durch Speicher ersetzt werden, wenn diese entsprechend angepasst werden.

Insbesondere die oben besprochenen gewerblichen Stromspeicher sind sehr gut geeignet, das Stromnetz stabil zu halten, aber auch private Stromspeicher können diese Funktion einnehmen. Es muss nur richtig geplant und die nötigen Rahmenbedingungen implementiert werden.

### Bürokratie abbauen

Überhaupt ist eines der größten Hindernisse in Deutschland für den schnelleren Umbau der Infrastruktur für die Energiewende die komplizierte Gesetzgebung mit Tausenden, zum Teil sich widersprechenden Paragrafen in verschiedenen Gesetzen und langen Genehmigungsverfahren. Zudem wird unser Stromnetz von mehr als 800 Netzbetreibern verwaltet, mit jeweils unterschiedlichen Regelungen und unterschiedlicher Finanzstärke für Investitionen. Ähnlich wie bei der Digitalisierung insgesamt ist auch die Modernisierung unserer Bürokratie eine notwendige Voraussetzung, um international bestehen zu können.

### Ist Kernkraft die Lösung?

Diese Frage kommt immer wieder in Politik und Öffentlichkeit auf. Hier sollte man aber zwei Punkte unterscheiden: Einerseits kann man fragen, ob es richtig war, die Kernkraftwerke in Deutschland 2011–2023 schrittweise abzuschalten. Die andere Frage ist, ob wir neue Kernkraftwerke bauen sollten. Falls man die erste Frage mit Nein beantwortet, muss die Schlussfolgerung für die zweite Frage keineswegs automatisch Ja lauten.

Neue Kernkraftwerke sind nämlich extrem teuer und eignen sich gerade nicht als Residualkraftwerke, wie wir sie in den nächsten Jahren jedoch brauchen. Insbesondere benötigen diese Projekte einen Vorlauf von mindestens 15–20 Jahren und würden uns in der jetzigen Situation nicht helfen. Zudem würde eine kleine Zahl von Anlagen kaum Einfluss auf den Strommarkt ausüben, es müssten schon mindestens ein Dutzend Kraftwerksblöcke oder mehr sein.

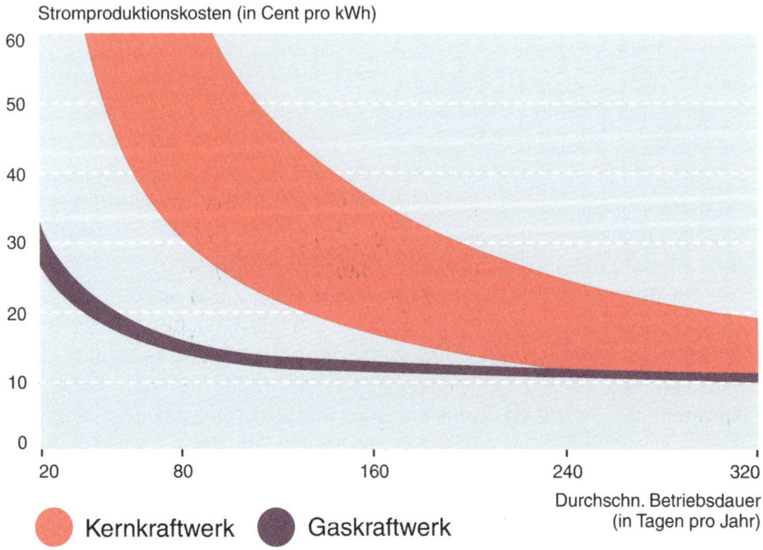


Die Kosten der Stromproduktion in einem Kraftwerk setzen sich zusammen aus Investitions- und laufenden Kosten für Betrieb und Brennstoff. Je länger ein Kraftwerk im Jahr läuft, desto niedriger ist der umgelegte Anteil der Investitionskosten pro kWh. Eine Vorhersage für 2030 zeigt, dass Strom aus einem Kernkraftwerk aufgrund der hohen Investitionskosten teurer ist als der aus einem Gaskraftwerk, insbesondere bei geringer Betriebsdauer. Zum Beispiel kostet der Strom bei nur 80 Betriebstagen pro Jahr mindestens 30 Cent pro kWh. (Daten nach C. Kost et al., Fraunhofer ISE, 2024)

International sehen wir übrigens keinen gegenläufigen Trend, denn die weltweit geplanten Neubauprojekte reichen nicht, um die zukünftigen Stilllegungen zu kompensieren. Kernkraft wird voraussichtlich bei einem Anteil von 4 Prozent am weltweiten Primärenergiebedarf stagnieren oder sogar abnehmen. Auch kleine Anlagen, sogenannte Small Modular Reactors, wie sie von manchen Politikern immer wieder ins Spiel gebracht werden, weisen voraussichtlich keine andere Kostenstruktur pro installierter Leistung auf und sind daher auch nicht als Residualkraftwerke geeignet. Zudem wären wir wieder auf den Import von Uran angewiesen, mal ganz abgesehen von der ungeklärten Endlagerfrage.

# Fazit

Wir befinden uns mitten in einem grundlegenden Strukturwandel, und zwar weltweit. Auch wenn man sich die alten Energiezeiten zurückwünscht – sie werden nicht mehr kommen! Die niedrigen Strompreise der Vergangenheit basierten vor allem auf günstiger Kohle und günstigem russischem Gas sowie darauf, dass man so viel $CO_2$ kostenlos in der Atmosphäre entsorgen konnte, wie man wollte. All dies wird es in Zukunft so nicht mehr geben. Die höheren Gaspreise schlagen schon heute aufgrund des Preissystems auf den Strompreis durch, und der europäische $CO_2$-Handel verteuert die Nutzung von fossilen Brennstoffen immer weiter.

Die Lösung für alle diskutierten Probleme sind die erneuerbaren Energien, die im Gegenzug immer günstiger werden, selbst wenn man die Kosten für die Speicherung mitberücksichtigt. Zudem werden wir mit ihnen deutlich unabhängiger von Energieimporten und müssen weniger Geld für Öl, Gas und Kohle überweisen, insbesondere an autoritäre Länder.

Doch muss unser Energiesystem dafür im europäischen Verbund umgebaut werden: Die Erneuerbaren müssen marktgerecht eingebunden und die Netze ertüchtigt und erweitert werden. Der Verbrauch und die Produktion müssen marktwirtschaftlich flexibilisiert und Speicher netzdienlich ausgebaut werden. Auch für die Energiewende muss die Digitalisierung vorangetrieben und die Bürokratie abgebaut werden. Damit wird es auch in Zukunft keine Blackouts geben, und Dunkelflauten können überbrückt werden.

Was heißt das nun für uns Privatverbraucher und die Familie Müller? Wir werden in Zukunft nicht mehr nur Konsumenten sein, sondern zum Teil auch Produzenten, zum Beispiel mit Photovoltaik auf dem eigenen Dach. Intelligente Stromnetze, Smartmeter und Apps werden uns helfen, Strom dann zu verbrauchen, wenn er besonders günstig ist. Mit einem eigenen Energiespeicher kann man womöglich sogar Geld verdienen.

Übrigens, dürfen Sie sich demnächst für eine Ausbildung oder ein Studium entscheiden? Wie wäre es mit einem Beruf im Zusammenhang mit der Transformation unseres Energiesystems? Elektrotechnik, Regenerative Energien, Heizungsbau oder Umwelttechnik wären ein paar Kandidaten, ebenso Betriebswirtschaft, Informatik oder Marketing. Auf jeden Fall arbeiten Sie dann an einem gesellschaftlich höchst relevanten und spannenden Thema.

Unser Energieverbrauch insgesamt wird zwar sinken, der Strombedarf sich aber womöglich mehr als verdoppeln. Wir werden mit mehr PV- und Windkraftanlagen und mit mehr Stromnetzen leben müssen. Aber dafür werden wir unabhängiger, und ein größerer Teil der Wertschöpfung im Bereich Energie findet bei uns in Deutschland statt und weniger im Ausland. Und für die beiden Kinder der Müllers ergeben sich dadurch auch viele neue Berufsfelder.

Gute Aussichten für die Kinder der Familie Müller: Die Energiewelt von morgen bietet unzählige Chancen. Lasst sie uns nutzen!

# Wasserstoff, E-Fuels & Co.

Wasserstoff und E-Fuels sind in aller Munde. Wäre das nicht die Lösung? Unsere Verbrennerautos würden einfach klimaneutral mit E-Fuels fahren, unsere Gasheizung würde – umgestellt auf grünen Wasserstoff – weiter ihren uns vertrauten Dienst leisten. Und die lästigen Themen Wärmepumpe und Elektroautos wären überflüssig. Endlich Ruhe in der Boulevardpresse und in den sozialen Medien. Aber was ist eigentlich grüner Wasserstoff und was sind überhaupt E-Fuels? In diesem Kapitel gehen wir darauf ein und überlegen, ob und wo sich deren Einsatz lohnen könnte.

10

# Grüner Wasserstoff

Fangen wir an mit dem Grundprodukt für alles, was in diesem Kapitel kommt, nämlich mit dem grünen Wasserstoff. Und räumen wir gleich mit einem großen Missverständnis auf: Wasserstoff ist keine Energiequelle im Sinne einer Alternative zu PV oder Windkraft.

Die Aussage „Wozu brauchen wir denn noch die Windräder, wir haben jetzt doch den Wasserstoff" könnte kaum falscher sein. Nein, Wasserstoff ist nur ein sogenannter Energieträger, ein Stoff, mit dem wir Energie speichern und transportieren können. Also quasi eine Batterie. Und wie bei einer Batterie müssen wir ihn auch erst mal „aufladen", was im Fall von Wasserstoff ($H_2$) bedeutet, ihn zum Beispiel aus Wasser ($H_2O$) und Energie zu erzeugen. Und wir „entladen" diesen Energiespeicher, indem wir den Wasserstoff verbrennen und wieder in Wasser umwandeln. Dabei wird Energie frei. Wasser entspricht also der entladenen, leeren Batterie, Wasserstoff der aufgeladenen Batterie.

„Aufladen": Aus Wasser und Strom wird Wasserstoff. „Entladen": Aus Wasserstoff wird durch Verbrennung entweder Wärme oder mithilfe einer Brennstoffzelle Strom. Übrig bleibt Wasser. Dabei geht ein Teil der gespeicherten Energie verloren.

Zur Produktion von Wasserstoff ist also Energie nötig, und das ist bisher immer Energie aus den fossilen Rohstoffen Kohle und Erdgas gewesen. Vor 100 Jahren wurde Wasserstoff aus fossiler Kohle gewonnen, in den letzten Jahrzehnten – und auch noch heute – vor allem aus fossilem Erdgas. In beiden Fällen entsteht bei der Herstellung $CO_2$.

Aber man kann Wasserstoff auch mithilfe von Strom durch Elektrolyse aus Wasser gewinnen, zum Beispiel mit Strom aus einem Kohlekraftwerk. Doch auch dann nennen wir diesen Wasserstoff nicht grün. Wasserstoff ist nur dann grün, wenn er mit erneuerbaren Energien, also zum Beispiel mit Strom aus Photovoltaik oder Windkraft, erzeugt wird. Grüner Wasserstoff ersetzt also nicht etwa die Windräder oder PV-Anlagen, sondern benötigt eher mehr davon, weil bei der Erzeugung und Nutzung von Wasserstoff ein Teil der eingesetzten Energie verloren geht.

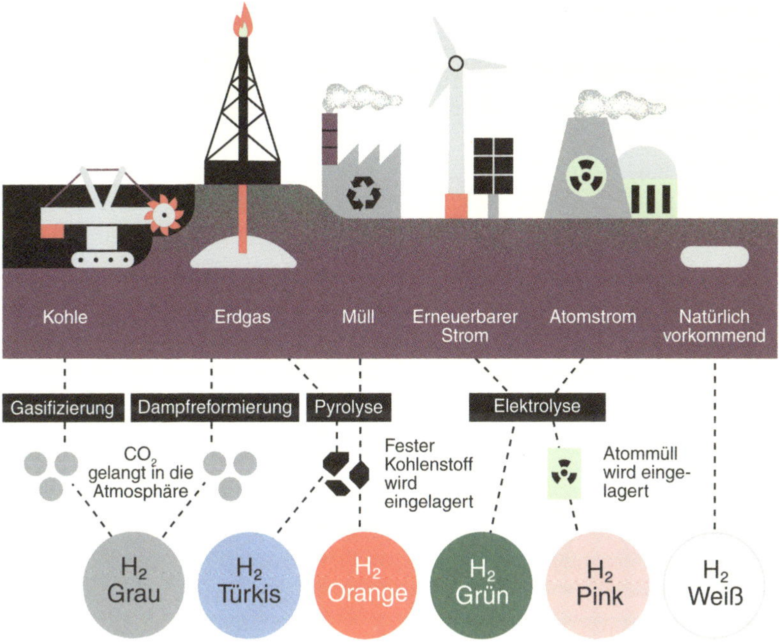


Farbenlehre Wasserstoff: Auch wenn sich das Gas jeweils nicht unterscheidet, sortieren wir den Wasserstoff in unterschiedliche Farben, je nachdem, wie dieser hergestellt wurde. Grau nennen wir ihn, wenn er aus fossilen Quellen stammt und das $CO_2$ bei der Produktion in die Atmosphäre entweicht. Wird das $CO_2$ abgefangen und eingelagert, nennen wir den Wasserstoff türkis. Oranger Wasserstoff entsteht aus Müllverwertung. Nutzen wir Atomstrom zur Herstellung, ist er pink, und nur wenn der Strom $CO_2$-frei durch Erneuerbare erzeugt wird, nennen wir ihn grün. Weiß ist natürlich vorkommender Wasserstoff, und daneben gibt es noch weitere Farben.

Als Hausnummer kann man sich merken, dass bei der Elektrolyse ca. 30 Prozent der Energie durch Wärmeverluste verloren gehen.

Man kann natürlich versuchen, einen Teil der Wärme zu nutzen, zum Beispiel in Kombination mit einem Fernwärmenetz. Trotzdem ist der Einsatz von Wasserstoff nur für solche Anwendungen geeignet, für die es keine verlustärmeren Alternativen gibt. Insbesondere für PKW und Heizungen ist er ziemlich ungeeignet, weil uns effizientere Technologien zur Verfügung stehen. Aber es gibt Bereiche, da müssen wir die Verluste bei der Erzeugung des Wasserstoffs akzeptieren, und zwar einfach deshalb, weil es keine bessere Alternative gibt. Weiter unten werden wir detaillierter darauf eingehen.

Aber warum fördern wir den Wasserstoff nicht einfach aus dem Boden, wie wir das beim Öl machen? Genau genommen ist Öl eigentlich auch nur eine „Batterie", weil es vor langer Zeit aus Biomasse unter Einfluss von geologischen Prozessen entstanden ist. Nun, es gibt zwar natürlich vorkommenden Wasserstoff – man spricht dann von weißem Wasserstoff – aber gefunden hat man bisher noch nicht viel davon. Es gibt vereinzelt Stimmen, die sagen, es gebe sehr viel weißen Wasserstoff, aber der konkrete Nachweis dafür steht noch aus, und auch die Förderung könnte viel schwieriger sein als bei Erdöl. Warten wir ab, aber im Moment ist der weiße Wasserstoff nicht viel mehr als eine Hoffnung. Und wenn man bedenkt, dass Wasserstoff das leichteste aller chemischen Elemente ist und er deshalb sehr schnell ins Weltall entweicht, dann sollten wir uns nicht allzu viel erhoffen.

## E-Fuels

E-Fuels sind eng verwandt mit grünem Wasserstoff, denn sie werden aus Wasserstoff hergestellt. Das „E“ steht für „Elektrisch“. Es sind also Treibstoffe, genauer gesagt Kohlenwasserstoffe, die mithilfe von Strom – mit Wasserstoff als Zwischenschritt – hergestellt werden.

Die entscheidende weitere Zutat für E-Fuels ist allerdings $CO_2$. Und dieses $CO_2$ muss von irgendwoher kommen. Es gibt einige industrielle Quellen dafür, wie Brauereien, Kläranlagen oder Müllverbrennungsanlagen, aber diese sind begrenzt und reichen bei Weitem nicht aus – man spricht deshalb von „Punktquellen“. Außerdem kämen noch klassische Zementfabriken oder Kohlekraftwerke infrage, doch die sollen ja in einer Zukunft der Erneuerbaren nicht mehr zur Verfügung stehen. Als mögliche Lösung ist deshalb die Entnahme von $CO_2$ aus der Umgebungsluft im Gespräch. Allerdings wird das in die E-Fuels eingebaute $CO_2$ bei der Verbrennung des Treibstoffs wieder frei und geht wieder zurück in die Atmosphäre.

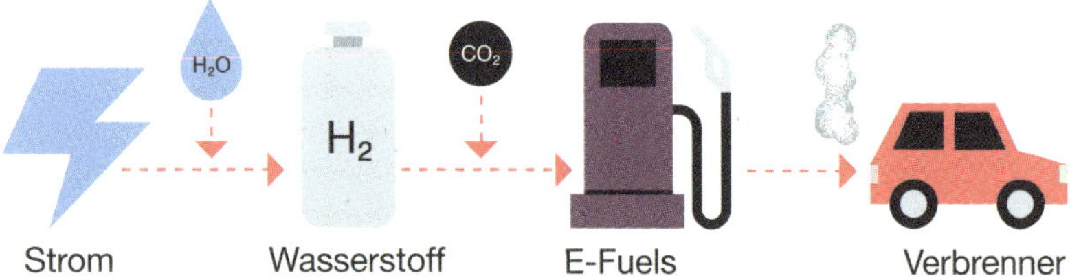


Für die Produktion von E-Fuels wird zuerst aus Wasser ($H_2O$) mittels Elektrolyse Wasserstoff ($H_2$) erzeugt. Anschließend werden daraus in einem weiteren Prozess zusammen mit $CO_2$ E-Fuels produziert, also synthetisches Benzin, Diesel oder Kerosin. In jedem Schritt geht allerdings ein Teil der ursprünglich eingesetzten Energie verloren.

Zumindest wären die E-Fuels insgesamt klimaneutral, denn die Verbrennung würde den $CO_2$-Gehalt in der Atmosphäre insgesamt nicht verändern. Aber das entscheidende Problem ist: $CO_2$ lässt sich nur sehr schwer aus der Atmosphäre extrahieren, denn die Konzentration in der Luft ist für den Treibhauseffekt zwar hoch, aber absolut gesehen sehr gering, nämlich nur 1/25 von 1 Prozent. Wahrscheinlich müssen ca. 20 Prozent der am Ende in den E-Fuels gespeicherten Energie für die Gewinnung des notwendigen $CO_2$ aufgewendet werden, auch wenn das nur eine Schätzung ist, denn es gibt noch keine Erfahrungen im großen Stil. Und zusätzlich zur Gewinnung des $CO_2$ gibt es bei der Herstellung von E-Fuels weitere Verluste.

Autos, die mit E-Fuels fahren, sind deshalb noch ineffizienter als Wasserstoffautos. Wir müssten insgesamt 5- bis 6-mal so viele Windräder oder PV-Anlagen bauen und bezahlen, wenn wir mit E-Fuel-Autos anstelle von Elektroautos fahren wollen. Das klingt nun wirklich nicht sinnvoll.

Aber wie auch im Falle von grünem Wasserstoff werden wir für gewisse Anwendungen auf E-Fuels nicht verzichten können und müssen dabei wohl zähneknirschend die erwähnten Verluste akzeptieren. Insbesondere für Langstreckenflüge und Containerschiffe scheint es nach derzeitigem Kenntnisstand kaum eine Alternative zu geben, um klimaneutral zu werden. Batterien wären für Flugzeuge zu groß und zu schwer, und gasförmiger Wasserstoff hat bezogen auf das Volumen eine zu geringe Energiedichte, die Tanks wären dann zu groß. Flüssiger Wasserstoff wäre zwar besser geeignet, aber ein Teil davon verdampft stetig, und um diesen Anteil zu nutzen, ist zusätzliche Technik nötig. Hingegen ist bei E-Fuels die pro Volumen gespeicherte Energiemenge ähnlich hoch wie bei Diesel, Benzin und Kerosin und damit sehr gut nutzbar.

### Alternativen zu E-Fuels

Was ist eigentlich mit dem „& Co." in der Überschrift dieses Kapitels gemeint? Es gibt noch Alternativen zu E-Fuels. Da wäre zum Beispiel E-Gas. Damit ist Methan gemeint, also Erdgas, das aber nicht aus der Erde kommt, sondern aus grünem Wasserstoff produziert wird. Eine flüssige Variante wäre Methanol. Auch hier benötigt man jeweils $CO_2$, man hat also ähnliche Probleme wie bei den E-Fuels.

Eine weitere Alternative ist Ammoniak. Dieses wird partiell bereits genutzt, und wir haben damit schon einige Erfahrungen. Es kann als flüssiger Treibstoff, etwa in Schiffen, genutzt werden, ähnlich wie Öl oder Benzin. Ammoniak kann auch aus Wasserstoff erzeugt werden, aber im Gegensatz zu E-Fuels oder E-Gas benötigt man kein $CO_2$, sondern Stickstoff, der in unserer Atmosphäre üppig zur Verfügung steht. Dafür gibt es andere Probleme: Ammoniak ist giftig und darf nicht in die Umwelt gelangen. Zudem hat es eine geringere Energiedichte als Benzin oder E-Fuels, die Tanks müssen ungefähr 3-mal so groß sein. Es bleibt also abzuwarten, welche der in diesem Abschnitt vorgestellten Technologien sich etablieren werden.

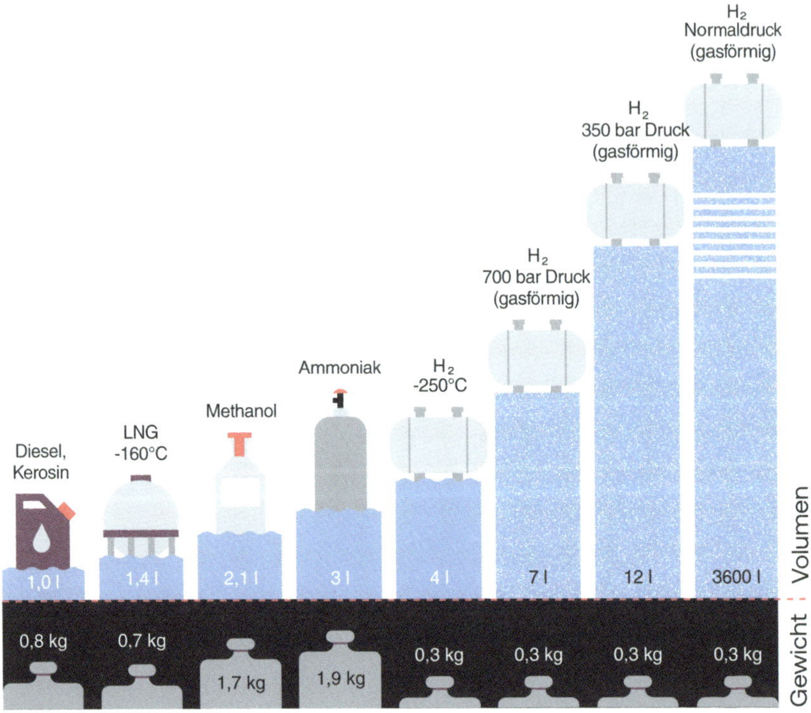


Wie viel wiegen beziehungsweise welches Volumen haben 10 kWh Energie, gespeichert in verschiedenen Stoffen? Für mobile Anwendungen sind insbesondere ein kleines Volumen und nicht zu hohes Gewicht von Vorteil, also möglichst wenig Kilogramm und möglichst wenig Liter. Diesel und Kerosin (und ganz ähnlich auch Benzin) zeichnen sich dadurch aus, dass sie auf kleinem Volumen (1 l) und bei relativ geringem Gewicht (0,8 kg) sehr viel Energie (10 kWh) gespeichert haben. Auch in Flüssiggas ist viel Energie in wenig Volumen gespeichert, es muss allerdings auf -160 °C gekühlt werden. Wasserstoff hat zwar in Bezug auf das Gewicht eine sehr hohe Energiedichte, aber selbst flüssiger Wasserstoff bei -250 °C benötigt noch 4 l Volumen für 10 kWh. Unter Normaldruck sind es sogar 3600 l – völlig ungeeignet für die meisten Speicheranwendungen trotz des niedrigen Gewichts.

## Power-to-X

Grüner Wasserstoff, E-Fuels, E-Gas und Ammoniak werden auch häufig unter dem Begriff „Power-to-X" zusammengefasst. Damit ist gemeint, dass wir grünen Strom („Power") in irgendetwas umwandeln. Das X kann ersetzt werden, und es heißt dann zum Beispiel „Power-to-Gas", was für die Umwandlung von Strom in Wasserstoff steht. Oder „Power-to-Ammonia", was die Umwandlung von Strom in Ammoniak bedeutet, usw. Besonders weit sind wir aber mit all diesen Technologien noch nicht.

Zumindest haben wir in Deutschland beschlossen, ein Gasnetz für Wasserstoff aufzubauen. Aber ohne Produktionskapazitäten würden diese Gasnetze leer bleiben, die brauchen wir also auch noch.

## Strom vs. Wasserstoff & Co.: die goldene Regel

Wir haben also gesehen, dass die Umwandlung von grünem Strom in Wasserstoff mit Energieverlusten verbunden ist. Jeder weitere Schritt, zum Beispiel Wasserstoff zu E-Fuels oder zu E-Gas, verringert die Effizienz nochmals. Und neben den Umwandlungsverlusten in der Produktion kommen beim praktischen Einsatz noch weitere hinzu. Insbesondere wenn wir gasförmigen Wasserstoff als Treibstoff einsetzen wollen, müssen wir diesen stark komprimieren, also unter hohen Druck setzen, sonst wären die Tanks zur Aufbewahrung noch viel größer. Auch das kostet Energie, die wir anschließend nicht mehr nutzen können.

Auch für den Transport von gasförmigem Wasserstoff wird aufgrund der geringeren Energiedichte im Vergleich zu Öl oder Erdgas ein viel größerer Aufwand nötig. Anstatt eines Tanklasters mit Benzin würde man für Wasserstoff rund zehn Tanklaster benötigen, um Wasserstofftankstellen zu beliefern. Sie funktionieren also im Grunde nur bei Belieferung mit flüssigem Wasserstoff oder noch viel besser bei einem Anschluss an ein Wasserstoffgasnetz, das aber gerade erst aufgebaut und vorerst nur die Industriezentren verbinden wird. Ob und wann es ein feinmaschiges Netz für Wasserstoff geben wird, ist noch völlig unklar.

Die Ladung eines Tanklastwagens mit Benzin reicht für grob 600 PKW. Möchte man stattdessen dieselbe Zahl an Wasserstoff-Autos versorgen, müssten 10-mal so viele Lastwagen die Tankstelle anfahren aufgrund der geringeren Energiedichte von Wasserstoff.

Und neben all den energetischen Problemen gibt es noch einen weiteren wichtigen Aspekt: nämlich den enormen Wasserbedarf für die Herstellung von Wasserstoff als Ausgangsstoff für E-Fuels & Co. Insbesondere in sonnenreichen Gegenden wie der Sahara haben wir häufig einen Mangel an Wasser, der sich in Zukunft noch verschärfen dürfte. Meerwasser müsste dazu erst aufwendig aufbereitet werden.

Aus all diesen Gründen ist die Bezeichnung von grünem Wasserstoff als „Champagner" der Energiewende durchaus gerechtfertigt – er wäre nämlich sehr teuer! Daher sollte beim Umgang mit grünem Wasserstoff, E-Fuels & Co. die folgende „goldene Regel" beherzigt werden:

**Bei allen Prozessen, die wir direkt mit Strom betreiben können, sollten wir dies tun und nicht auf die Alternativen Wasserstoff oder E-Fuels zurückgreifen.**

Das gilt insbesondere für die Heizung im Haus, die Mobilität in PKW und Zügen und den Transport von Waren über kurze und mittlere Strecken. Hier haben wir mit Wärmepumpe, E-Mobilität und Batterie deutlich effizientere Technologien zur Verfügung. Stromnetze sind schon großflächig ausgebaut, und die Batterietechnologie entwickelt sich rasant. Dass wir Wasserstoff & Co. dennoch für bestimmte Anwendungen benötigen werden, haben wir schon kurz angesprochen. Im Folgenden wollen wir noch einige weitere Bereiche anführen, in denen es voraussichtlich keine Alternativen dazu gibt.

## Sinnvoller Einsatz von grünem Wasserstoff, E-Fuels & Co.

Allem voran gibt es auch heute schon einen großen Bedarf an Wasserstoff in der chemischen Industrie. Im Jahr 2021 waren das 1,1 Millionen Tonnen, oder in Energiemenge ausgedrückt: 37 Terawattstunden (TWh). Das entspricht 7 Prozent unseres heutigen Stromverbrauchs. Dieser industriell benötigte Wasserstoff ist aber heute in den wenigsten Fällen grün, sondern wird aus Erdgas hergestellt. Man könnte also in einem ersten Schritt diesen Bedarf durch den Einsatz von grünem Wasserstoff decken. Zudem kann Wasserstoff weitere fossile Grundstoffe ersetzen, sodass wir für die chemische Industrie bis 2050 mit einem bis zu 8-mal höheren Wasserstoffbedarf rechnen als heute. Zwei weitere zentrale Anwendungen für grünen Wasserstoff sind die Stahl- und die Zementproduktion. Hier gibt es im Grunde keine Alternativen, wenn diese Sektoren klimaneutral werden wollen. Hinzu käme noch weiterer Bedarf in der Industrie, zum Beispiel für die Herstellung von Glas und Stickstoffdünger.

Andere Bereiche, bei denen noch offen ist, ob dort nicht doch strombasierte Technologien infrage kommen, sind der Warentransport und Verkehrsmittel für lange Distanzen. Doch werden insbesondere Langstreckenflugzeuge und -schiffe voraussichtlich auf klimaneutrale Treibstoffe wie E-Fuels, Ammoniak oder Methanol angewiesen sein. Im Bereich der Kurz- und Mittelstrecken scheint es klar in Richtung E-Motor und Batterien zu gehen und nicht hin zu Wasserstoff.

Und es gibt noch eine weitere Anwendung, die Wasserstoff als Energiespeicher in die Diskussion gebracht hat: die Speicherung von erneuerbarem Strom über längere Zeiträume. Für Kurzzeitschwankungen bei der Produktion von erneuerbarem Strom im Bereich von Stunden oder wenigen Tagen werden vor allem Batterien zum Einsatz kommen. Aber für eine langfristigere Speicherung über Wochen und Monate hinweg werden wir voraussichtlich mithilfe von überschüssigem erneuerbarem Strom Wasser in Wasserstoff umwandeln, um ihn bei Bedarf wieder zu verstromen. Dazu brauchen wir aber auch große Wasserstoffspeicher. Erste Projekte gibt es hier bereits, doch insgesamt ist das eher Zukunfts- musik. Alternativ ist es denkbar, Wasserstoff über Pipelines aus anderen Ländern zu importieren.

Für grünen Wasserstoff gibt es viele sinnvolle Einsatzgebiete, für die ansonsten keine oder kaum $CO_2$-freie Alternativen existieren: zum Beispiel als Grundstoff in der chemischen Industrie, bei der Stahl- und Zementherstellung, bei der Mobilität über weite Strecken und als langfristiger Energiespeicher.

# Wie eine funktionierende Wasserstoffwirtschaft aufgebaut werden kann

Wir stehen am Anfang eines großen Umbaus unserer Infrastruktur und werden künftig grünen Wasserstoff, E-Fuels & Co. in vielen Bereichen einsetzen. Wie bei jedem Wandel gibt es auch hier Chancen und Risiken. Aber wenn wir klimaneutral und unabhängig von fossilen Importen werden wollen, werden wir um diesen Umbau nicht herumkommen. Wir sollten die Chancen erkennen und nutzen, um den Wandel aktiv zu gestalten und nicht auf Initiativen aus Fernost oder Amerika zu warten.

Doch werden wir unseren eigenen Bedarf voraussichtlich nicht komplett ohne Importe von Wasserstoff decken können. Vor allem sonnenreiche Regionen wie Saudi-Arabien, der Süden der USA, Nordafrika oder Südeuropa beziehungsweise windreiche Regionen wie Kanada oder Chile werden hier womöglich eine zentrale Rolle spielen. Aber das bedeutet auch, dass wir woanders riesige Flächen mit Photovoltaik belegen beziehungsweise eine große Zahl von Windrädern aufstellen müssen, falls wir weltweit Wasserstoff in großen Mengen produzieren wollen.

Es ist jedoch gar nicht so einfach, eine Wasserstoffwirtschaft mit Erzeugern, Verbrauchern und Netzbetreibern in Schwung zu bringen. Das Haupthindernis ist auch hier das Henne-Ei-Problem: Wer baut schon ein Wasserstoffnetz in der Fläche, wenn er nicht weiß, ob und ab wann er damit Geld verdienen kann? Wer stellt schon seine Produktion auf Wasserstoff um, wenn er sich nicht an ein Wasserstoffnetz anschließen kann und die Kosten nicht abschätzbar sind? Wer baut Wasserstoff-Produktionsanlagen, wenn er nicht weiß, zu welchem Preis er Wasserstoff in Zukunft verkaufen kann? Es ist also die Politik gefragt – und man kann hier ohne Übertreibung von einem gordischen Knoten sprechen.

Der Einstieg in die Wasserstoffwirtschaft kann folglich nur gelingen, falls eine weitere goldene Regel beachtet wird. Sie lautet:

**Um eine Wasserstoffproduktion und -verteilung aufbauen zu können, braucht es einen Dreiklang aus Physik, Geld und Politik.**

- Erstens müssen wir die Gesetze der Physik, die wir nicht außer Kraft setzen können, kennen und beachten.
- Zweitens benötigen wir große Investitionen in die Infrastruktur
- Und drittens bedarf es kluger politischer Rahmenbedingungen, damit potenzielle Investoren aktiv werden können und der Aufbau einer Wasserstoffwirtschaft in Schwung kommen kann.

physikalische Grenzen beachten

Investitionen in die Infrastruktur

kluge politische Ideen

Eine gut funktionierende Wasserstoffwirtschaft ist ein essenzieller Bestandteil der Energiewende und eines modernen Industriestandorts. Dabei müssen wir drei Grundsätze berücksichtigen. Erstens dürfen wir die durch die Physik vorgegebenen Grenzen nicht ignorieren, insbesondere die im Vergleich zu Benzin geringe Energiedichte von Wasserstoffgas und die Umwandlungsverluste bei der Herstellung aus grünem Strom. Die Umwandlung in E-Fuels löst zwar das Problem der geringen Energiedichte, ist aber mit spürbaren energetischen Verlusten verbunden, die Sache wird also teurer. Zweitens sind für den Aufbau einer erfolgreichen Wasserstoffwirtschaft große Investitionen in die Infrastruktur nötig, und drittens muss dafür die Politik die richtigen Rahmenbedingungen und Anreize schaffen.

# Energiewelt von morgen

Die Energiewelt wandelt sich in enormem Tempo – und zwar weltweit. Und es gibt gute Gründe, warum die strombasierten Technologien so erfolgreich sind: Sie sind viel effizienter, und dadurch können wir unseren Gesamtenergieverbrauch reduzieren, ohne uns dabei einschränken zu müssen. Dabei folgt die weltweite Entwicklung einem wohlbekannten Trend, den wir auch schon früher bei Technologiewechseln beobachten konnten. Aber gleichzeitig bringt der Wandel enorme Herausforderungen, die wir gemeinsam angehen müssen. Können wir das schaffen?

11

# Ausblick in die Zukunft

Am Anfang dieses Buches haben wir uns gefragt, wie wohl die Energiewelt von morgen aussehen wird: Können wir in Zukunft unseren Energiebedarf komplett aus Erneuerbaren decken und ohne Energieimporte auskommen? Oder müssen wir dafür vielleicht auf liebgewonnene Dinge verzichten? Denn der geplante Ausbau der Erneuerbaren bis 2045 wird voraussichtlich nicht reichen, um unseren Energiebedarf im heutigen Umfang zu decken. Welche Optionen haben wir also, wenn wir nicht weiterhin von Öl, Gas und Kohle abhängig sein wollen?

## Unsere moderne Welt ist auf Energie angewiesen

Zunächst sollten wir uns in Erinnerung rufen, dass moderne Errungenschaften wie Autos, Flugzeuge, Heizungen oder die Metallgewinnung nur dann dauerhaft funktionieren, wenn fortwährend Energie in großen Mengen zur Verfügung steht. Keine Erfindung kann dieses Prinzip außer Kraft setzen – deshalb ist Energie so wichtig in unserer modernen Welt. In der Vergangenheit haben wir dafür im Wesentlichen Holz genutzt und später fossile Brennstoffe. Insbesondere die Nutzung von fossilen Quellen mit ihren sehr hohen Energiedichten hat vieles ermöglicht, was vorher de facto unmöglich war.

Aber fossile Energie müssen wir großteils importieren, und sie hat negative Auswirkungen auf unser Klima, weswegen wir ihre Nutzung deutlich reduzieren oder ganz beenden wollen. Aus diesem Grund bauen wir die erneuerbaren Energien aus.

## Die Zutaten der Energiewende

Für unsere zukünftige Energieversorgung können nur Sonnen- und Windenergie in großem Maßstab einen Beitrag leisten, und das auch nur bei sehr umfangreichem Ausbau. Biomasse, Geothermie und Wasserkraft können selbst mit größter Anstrengung nur ergänzend dazu beitragen. Dasselbe gilt für die Kernkraft, wie wir noch weiter unten sehen werden. Und die Kernfusion ist vorerst lediglich ein Zukunftskonzept, das im Hier und Heute kommerziell noch nicht funktioniert. Es ist unklar, ob sie jemals funktionieren wird. Alle anderen Ansätze, wie Wellenenergie, Gezeitenenergie etc., werden an der Energieproduktion der Welt nur einen verschwindend kleinen Anteil haben.

Mit den zeitlich fluktuierenden Erneuerbaren kommt dem Thema Energiespeicher eine große Bedeutung zu. Hier werden Batteriespeicher für den Ausgleich im Tagesverlauf relevant. Wasserstoff in Kombination mit Back-up-Kraftwerken wird für längere Zeiträume als Speichermedium wichtig, aber auch für schwer elektrifizierbare Prozesse, zum Beispiel die Zement- oder Stahlgewinnung, sowie für Flugzeuge in Form von E-Fuels. Daneben gibt es noch viele weitere Themen, die gerade an Relevanz gewinnen: Netzausbau, Flexibilisierung des Stromverbrauchs, Entbürokratisierung etc.

In unserem Buch *Erneuerbare Energien zum Verstehen und Mitreden* besprechen wir alle möglichen erneuerbaren Energiequellen wie Sonne, Wind, Biomasse, Geothermie und Wasserkraft. Aber auch alle Exoten wie Gezeiten- und Wellenenergie oder Osmose. Auch gehen wir auf die Kernspaltung und die Kernfusion ein. Wir erklären einerseits die Grundprinzipien sowie die jeweiligen Vor- und Nachteile und andererseits den maximal möglichen Beitrag, den diese Quellen in Deutschland liefern können.

## Wo stehen wir im Jahr 2045?

Die vielleicht wichtigste Erkenntnis aus diesem Buch ist, dass wir unseren Energieverbrauch nach realistischen Szenarien bis 2045 deutlich reduzieren können, ohne dafür auf vieles verzichten zu müssen – im Gegenteil, wirtschaftliches Wachstum ist miteingerechnet. Statt heute 100 Kilowattstunden Primärenergieverbrauch pro Person und Tag könnte dieser im Jahr 2045 bei 70 Kilowattstunden liegen. Am Beispiel der Familie Müller konnten wir sehen, dass vor allem in den Bereichen Mobilität und Heizung die größten Einsparpotenziale liegen.

Eine weitere gute Nachricht lautet, dass wir dadurch den Großteil unseres Bedarfs aus erneuerbaren Energien in Deutschland selbst decken können. Aber ganz unabhängig werden wir wohl nicht: Rund 20 Kilowattstunden pro Tag und Person werden wir auch in Zukunft noch importieren müssen, zum Beispiel in Form von Wasserstoff, E-Fuels oder Strom. Einiges davon wird aus Europa kommen, wo die Länder bei der Energieversorgung eng zusammenarbeiten werden. Aber auch andere Länder mit viel Sonne oder Wind, wie Australien, Saudi-Arabien, USA oder Kanada, werden voraussichtlich eine große Rolle spielen. Womöglich bleibt auch noch ein kleiner fossiler Anteil aus Erdgas übrig – das $CO_2$ müssen wir dann anders wieder aus der Atmosphäre holen. Aber zum Vergleich: Heute kommen rund 80 Prozent unserer Energie aus fossilen Quellen, die wir noch dazu zum Großteil von weit her importieren. Zuletzt haben wir dafür durchschnittlich ca. 80 Milliarden Euro pro Jahr ins Ausland überwiesen.

Um das alles zu erreichen, müssen wir unser Energiesystem allerdings komplett umbauen. Aber auch hier gibt es eine gute Nachricht: Dieser Prozess hat weltweit schon längst begonnen. Die Technologien sind vorhanden oder entwickeln sich rasant und werden immer günstiger. Es ergibt Sinn, dass wir bei dieser Entwicklung vorne mit dabei sind.

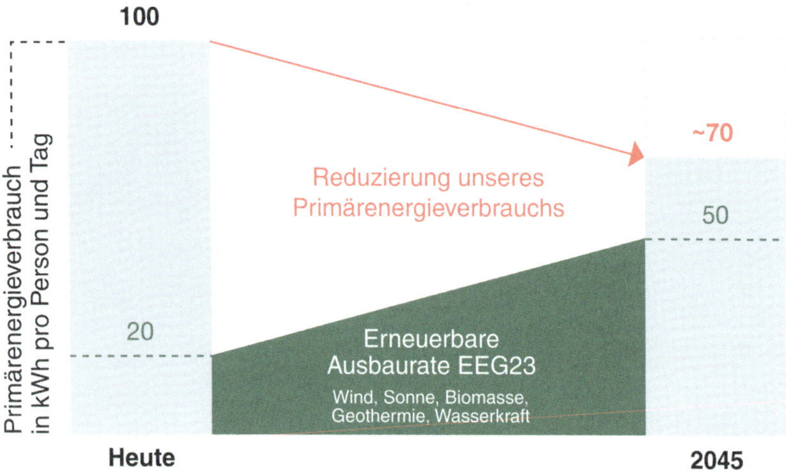


Die Entwicklungen bis 2045: Unser Energieverbrauch wird nach dem in diesem Buch vorgestellten Szenario von 100 kWh pro Person und Tag auf ca. 70 kWh sinken. Der Ausbau der Erneuerbaren wird dennoch nicht reichen, grob 50 kWh pro Person und Tag werden wir damit decken können. Den Rest werden wir voraussichtlich importieren in Form von Strom, Wasserstoff, E-Fuels etc. (Zahlen nach AG Energiebilanzen e.V. und Ariadne-Energiewendeprojekt)

### Was haben wir gelernt?

Fassen wir nochmals kurz zusammen, was wir sonst noch in den letzten Kapiteln zum Energieverbrauch diskutiert haben. Vielleicht das Wichtigste: Energie ist nicht gleich Energie, Brennstoff ist nicht gleich Strom.

Wenn wir einen fossilen Brennstoff nehmen und ihn verbrennen, dann können wir nur einen Teil der darin enthaltenen Energie nutzen. Der größere Teil wird zu thermischem Müll, also zu Abwärme – wie im Kohlekraftwerk oder beim Verbrennungsmotor. Und unseren Wohnraum können wir viel effizienter warm halten, wenn wir dies mit einer Wärmepumpe und Strom aus Erneuerbaren tun statt mit Verbrennung.

Die Energiewende ist also auch ein gewaltiger Sprung in der Effizienz. Dies ist aber mit viel Aufwand verbunden: Neben den Erneuerbaren müssen die Stromnetze aus- und umgebaut sowie Stromzähler modernisiert werden, wir brauchen Ladesäulen statt Tankstellen, Energiespeicher, Back-up-Kraftwerke, Flexibilitäten im Energieverbrauch, weniger Bürokratie, mehr Digitalisierung und mehr Marktwirtschaft, zum Beispiel in Form von flexibleren Netzentgelten und Strompreiszonen – das alles ist ein höchst anspruchsvoller Transformationsprozess. Besonders herausfordernd ist, dass wir nicht nur ein funktionierendes Zielszenario benötigen, sondern dass auch der Übergang in allen Phasen funktionieren und bezahlbar sein muss.

Deshalb liegt die Frage auf der Hand, ob sich das alles wirklich lohnt. Dazu wollen wir uns einmal ansehen, was zurzeit in anderen Ländern passiert.

# Energiewende fast überall

Schauen wir also, wie sich die Energiewende in anderen Ländern zeigt. Dazu wollen wir zuerst einige Hintergrundinformationen liefern: Wenn es eine neue Technologie gibt, die besser ist als die alte, wenn also Innovation stattgefunden hat, dann breitet sie sich meist in einer typischen Art und Weise aus: nicht langsam und gleichmäßig, sondern entlang einer sogenannten S-Kurve.

### S- und Lernkurven

Es gibt viele Beispiele in der Vergangenheit für diesen Verlauf, wie die Einführung von elektrischem Strom in Haushalten, von Farbfernsehern oder von Mobiltelefonen oder den Übergang von der Kutsche zum Auto. Dabei steigt der Marktanteil der neuen Technologie nach Markteinführung zuerst nur gering an, das Wachstum beschleunigt sich dann aber sehr stark, bis es sich mit zunehmender Marktdurchdringung wieder verlangsamt. Auch Photovoltaik und Windenergie folgen in ihrer Entwicklung bisher einer S-Kurve, und es gibt keinen Grund zur Annahme, dass die Entwicklung dieser neuen Technologien von diesem Trend abweichen wird. Die Länder unterscheiden sich lediglich in der Geschwindigkeit dieser Entwicklung.

Warum ist das so? Das kann man mit einem gut bekannten wirtschaftlichen Effekt erklären, der sogenannten Lernkurve. Bei vielen Produkten sinken die Kosten, je mehr von ihnen hergestellt wird – das bezeichnet man in der Ökonomie als Lernkurve. Bei manchen Produkten finden wir sie sehr ausgeprägt vor, zum Beispiel bei Photovoltaik oder bei der Batterieentwicklung. Der Preis sinkt dann stark, weswegen sich diese Technologien schnell verbreiten. Bei anderen Technologien gibt es hingegen fast keine Lernkurve. Das gilt insbesondere für sehr komplexe Technologien, bei denen es nie zu einer Massenproduktion kommt. Die Preise fallen dann nicht, sondern steigen im Gegenteil.

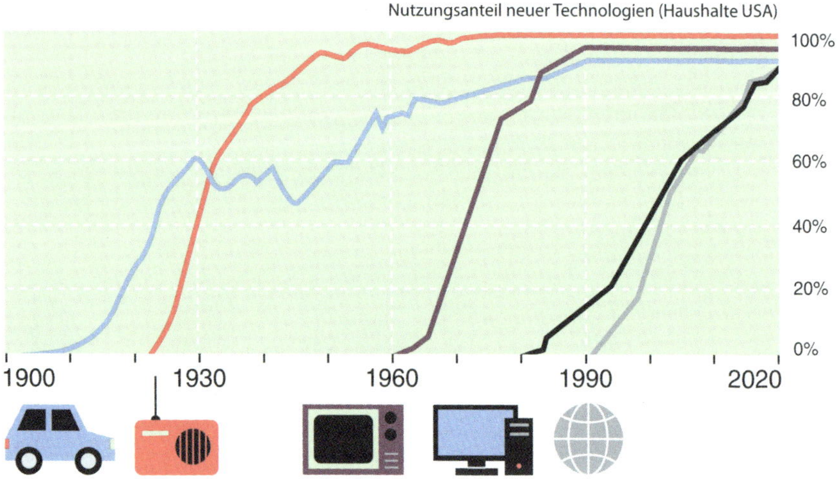


S-Kurve: Neue Technologien breiten sich meist in ähnlicher Art und Weise aus: Zuerst steigt der Marktanteil nur langsam an, das Wachstum beschleunigt sich dann aber und flacht am Schluss wieder ab. Falls eine alte Technologie abgelöst wird, verschwindet sie gegenläufig zum Hochfahren der neuen Technologie. Historisch sehen wir diesen Verlauf sehr häufig, wie zum Beispiel in den USA: Das Bild zeigt den Anteil der US-amerikanischen Haushalte, die diese Technologien nutzen, im Laufe der Zeit. (Zahlen nach ourworldindata.org)

Wenn es nun so eine Lernkurve gibt, dann breitet sich neue Technologie immer schneller aus. Das macht den steilen Anstieg der S-Kurve aus. Erst wenn etwa die Hälfte des Markts abgedeckt ist, schwächt sich das Wachstum ab, und die neue Technologie hat dann die alte bereits weitgehend verdrängt.

Genau das sehen wir in vielen Regionen der Welt bei Photovoltaik und Windkraft. Weltweit führend ist hier Dänemark, das schon fast 70 Prozent seines Stroms aus diesen Quellen bezieht. Gefolgt wird es von anderen europäischen Ländern mit rund 45 Prozent Anteil: Portugal, Niederlande, Spanien, Griechenland und Deutschland. USA und China liegen mit knapp 20 Prozent zwar noch klar dahinter, aber auch diese Entwicklungen folgen bisher einer S-Kurve, wenn auch zeitlich bisher um fünf bis zehn Jahre versetzt.

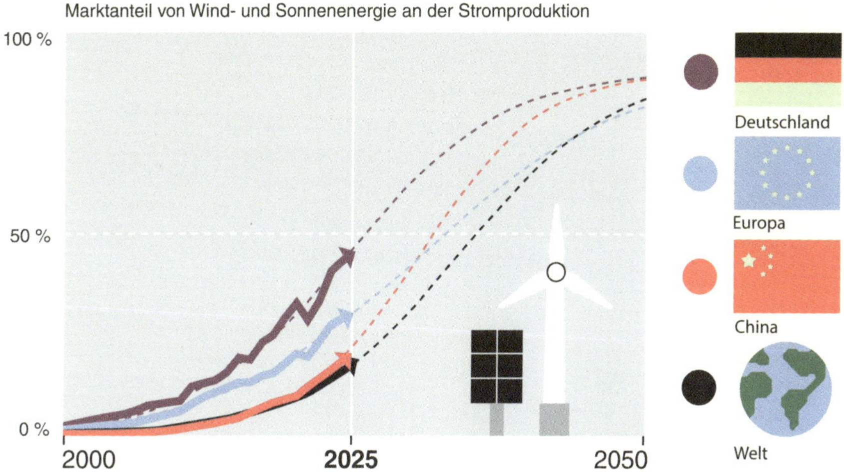


Der Ausbau von Photovoltaik und Windkraft folgt bisher überall einer S-Kurve. In Deutschland kommen zum Beispiel schon fast 45 % des Stroms allein aus diesen beiden erneuerbaren Quellen. China, das 20-mal so viel Strom verbraucht wie Deutschland, erreicht unsere Werte in ca. fünf Jahren. Allerdings beschleunigt sich der Ausbau dort gerade so stark, dass die Kurve voraussichtlich steiler verlaufen wird als bei uns. Da es aber auch in Zukunft noch andere Stromquellen geben wird, wie zum Beispiel Wasserkraft, Kernkraft oder Biomasse, wird der Marktanteil nicht auf 100 % ansteigen, sondern sich je nach Gegebenheit zwischen 70 % und 100 % einpendeln. (Zahlen nach ember-energy.org)

Im weltweiten Durchschnitt spielt übrigens Wasserkraft bei den erneuerbaren Energien mit 15 Prozent Anteil an der Stromproduktion nach wie vor eine große Rolle, wird aber gerade durch Photovoltaik und Windkraft überholt. Zudem gibt es bei der Wasserkraft durch die limitierten Möglichkeiten nicht dieselbe positive Dynamik, und es erfolgt dort kaum noch ein Ausbau.

Wenn es keine Lernkurve gibt, dann wird sich die entsprechende Technologie nur schwer oder mit hohen Kosten durchsetzen. Das sehen wir insbesondere bei der Kernkraft: Neue Anlagen sind so gut wie immer deutlich teurer und die Bauzeiten erheblich länger als ursprünglich veranschlagt. Auch die für die Zukunft von manchen propagierten sogenannten kleinen modularen Reaktoren (SMR – Small Modular Reactors) wären immer noch sehr komplexe Anlagen mit im Vergleich zu Windkraft oder PV kleinen Stückzahlen. Deswegen ist fraglich, ob es bei dieser Technologie eine steile Lernkurve geben würde. Hinzu kommt, dass weltweit viele Kernkraftwerke in naher Zukunft an ihr Lebensende kommen und ersetzt werden müssen. Der Anteil der Kernkraft an der weltweiten Primärenergieproduktion wird sich in Zukunft daher voraussichtlich nicht erhöhen – trotz einiger neu geplanter Anlagen.

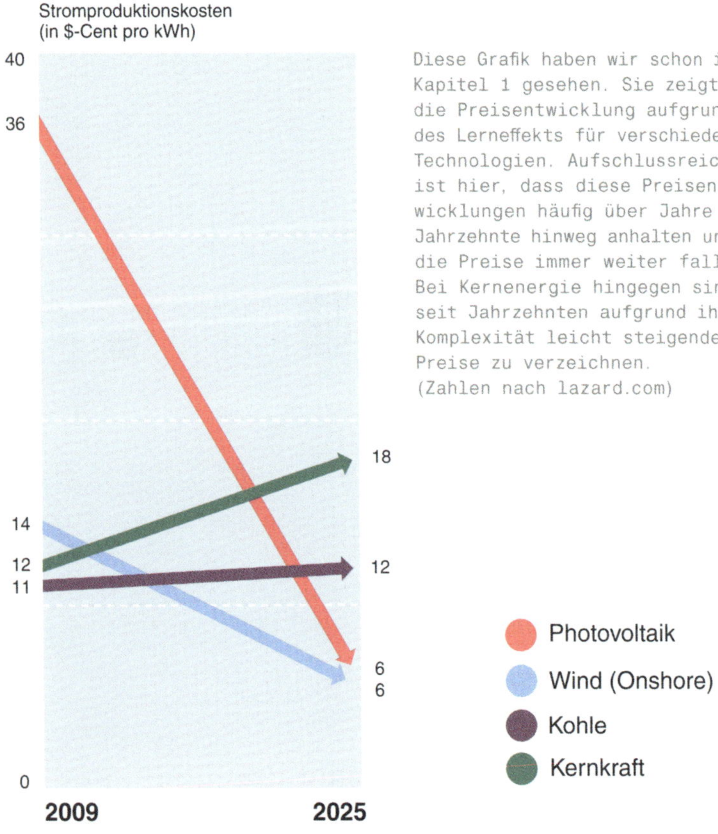


Diese Grafik haben wir schon in Kapitel 1 gesehen. Sie zeigt die Preisentwicklung aufgrund des Lerneffekts für verschiedene Technologien. Aufschlussreich ist hier, dass diese Preisentwicklungen häufig über Jahre oder Jahrzehnte hinweg anhalten und die Preise immer weiter fallen. Bei Kernenergie hingegen sind seit Jahrzehnten aufgrund ihrer Komplexität leicht steigende Preise zu verzeichnen. (Zahlen nach lazard.com)

### Und China?

Sehen wir uns China noch etwas genauer an, da es zu den größten Ländern der Welt gehört. Das Land hat sich sowohl in der Produktion von Photovoltaik als auch bei den jährlichen Ausbaumengen im eigenen Land weltweit an die Spitze gesetzt, ebenso bei der Batterietechnologie. Die S-Kurven zeigen hier also einen besonders steilen Verlauf.

Gleichzeitig ist dort die Elektrifizierung des Energieverbrauchs, also der Teil der Energie, der in Form von Strom verbraucht wird, stark angestiegen. Das deutet auf eine steigende Energieeffizienz in diesem Land hin. In China wächst zwar bisher auch der Beitrag der Kernenergie, aber viel schwächer als der von Photovoltaik und Wind, und der Kohleverbrauch stagniert sogar. Um den Zuwachs mal ins Verhältnis zu setzen: Im Jahr 2024 hat China fast dreimal so viel Photovoltaik zugebaut wie Deutschland in den letzten 30 Jahren zusammen!

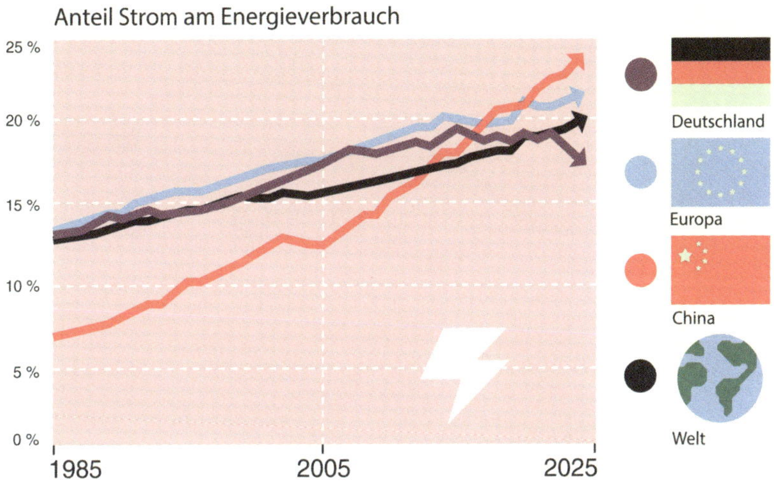


Überall wird elektrifiziert. Der Anteil der Energie, den wir in Form von Strom verbrauchen, steigt weltweit und liegt heute bei rund 20 % des Primärenergieverbrauchs. Doch nirgendwo steigt dieser Anteil so schnell wie in China, das uns diesbezüglich mittlerweile deutlich überholt hat. (Zahlen nach ourworldindata.org)

## Gute Gründe, jetzt was zu tun

Wir sehen also: Die Energie- und die Mobilitätswende finden weltweit statt. Wir sollten uns von den Entwicklungen nicht abkoppeln, sondern selbst diese Innovationen gestalten und nicht anderen überlassen. Aber das alles ist kein Selbstläufer und bringt viele Herausforderungen mit sich. Einige davon haben wir im Laufe des Buches ausführlich diskutiert. Dazu zählen neben dem schon angesprochenen Ausbau der erneuerbaren Energien auch der Umbau der entsprechenden Infrastruktur sowie die richtigen Rahmenbedingungen – und zwar nicht nur hierzulande, sondern weltweit.

Auch wenn es noch viele offene Fragen gibt – klare Trends zeichnen sich schon jetzt ab, insbesondere im Hinblick darauf, welche Technologien sich in den nächsten Jahrzehnten durchsetzen werden. Gemeinsam ist ihnen: Sie sind strombasiert und vermeiden Verbrennung, allen voran Batterien, Elektromobilität und Wärmepumpen. Und es sind rationale, physikalische Gründe, die dafür verantwortlich sind, denn in Kombination mit der Produktion von erneuerbarem Strom sind diese Technologien deutlich effizienter und sauberer als die fossilen Alternativen.

Marktanteil von Elektroautos (Neuzulassungen)

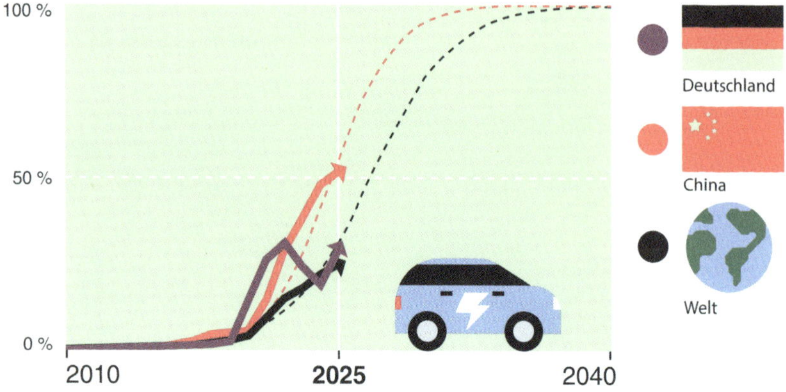


Auch der Anteil der Elektroautos (reine E-Autos und Plug-in-Hybride) an den Neuzulassungen folgt bisher fast überall einer S-Kurve, insbesondere in China, wo der Anteil nun bei 50 % liegt. Eine Ausnahme bildet Deutschland, dessen Automarkt allerdings 8-mal kleiner ist als der chinesische: Hier hat sich in den letzten Jahren aufgrund von politischen und gesellschaftlichen Diskussionen etwas Verunsicherung breitgemacht. E-Auto-Skeptiker fühlen sich bestätigt. Der Rest der Welt ist aber davon ziemlich unbeeindruckt. (Zahlen nach ourworldindata.org, vda.de, ember-energy.org)

Natürlich bedeutet dies viel Veränderung für uns und unsere Infrastruktur. Aber das alles hat ja auch viele Vorteile: Wir werden unabhängiger von den gewaltigen Energieimporten, auf die wir zurzeit noch angewiesen sind. Die Wertschöpfung findet dann vermehrt hier im Land statt, und es müssen nicht jährlich riesige Summen an andere Länder überwiesen werden. Und die Erneuerbaren werden zudem immer günstiger, selbst wenn man die Energiespeicherung miteinrechnet.

Wenn wir nicht mehr verbrennen, dann entstehen auch keine Abgase. Die Luft in den Städten wird besser, wie sich in vielen Ländern beobachten lässt. Zudem emittieren wir dann auch kein fossiles Kohlendioxid mehr und verringern damit unseren Beitrag zum globalen Klimawandel. Und, ganz wichtig: Es bietet uns als Industrienation eine gewaltige Chance, bei der Innovation neuer Technologien vorne mit dabei und damit auch in Zukunft wirtschaftlich erfolgreich zu sein.

Alles gute Gründe also für eine Modernisierung unserer Energieversorgung. Und wir alle können dazu beitragen, indem wir unseren Energieverbrauch bewusst und zukunftsorientiert gestalten, mit Strom statt Verbrennung. Familie Müller hat es uns vorgemacht.

Seitdem sich Familie Müller ausgiebig mit ihrem eigenen Energieverbrauch und den rasanten weltweiten Entwicklungen rund um das Thema Energie auseinandergesetzt hat, blickt sie viel optimistischer in die Zukunft und hat das Gefühl, mehr Kontrolle über dieses wichtige Thema zurückerlangt zu haben. Natürlich kann sie die Entwicklungen in Deutschland und insbesondere weltweit nur bedingt beeinflussen, aber zumindest bei sich zu Hause kann sie nun fundierte Entscheidungen treffen, und das gibt ihr ein gutes Gefühl. Machen Sie es doch genauso wie die Müllers, damit wir alle beim Thema Energie mitreden und mitentscheiden können!

# Danke!

Wie bei vielen anderen Publikationen gäbe es auch dieses Buch nicht ohne die Unterstützung von lieben Menschen, die fachlich und persönlich zu seinem Gelingen beigetragen haben.

Anfangen möchten wir bei Dr. Tim Meyer, einem ausgewiesenen Fachmann für den deutschen Strommarkt. Mit seinem Buch *Strom* aus dem Jahr 2025 hat er einen Standard gesetzt, und wir empfehlen das Buch allen, die tiefer in die Materie einsteigen wollen. Bedanken möchten wir uns auch bei Dr. Dominika Sörgel und Dr. Robert Pietzcker vom Potsdam-Institut für Klimafolgenforschung e.V. (PIK) für wertvollen Input zum Ariadne-Energiewendeprojekt, dessen Zahlen unseren Überlegungen zugrunde liegen. Für tiefgehende fachliche Rückmeldungen zum Thema Wasserstoff bedanken wir uns bei Benjamin Jödecke.

Ein herzlicher Dank geht auch an Leon Ehrmann und Johanna Zech für die großartige Unterstützung in allen Gestaltungsfragen.

Wie das erste Buch der Reihe, *Erneuerbare Energien zum Verstehen und Mitreden,* wird auch dieses Buch begleitet von Studierendenprojekten der Fakultät Design der Hochschule München, mit dem Ziel, das Thema Energie breiter in der Gesellschaft zu verankern. Hierfür möchten wir uns bei den Betreuern dieser Projekte bedanken: Prof. Knut Karger, Prof. Stephan Rether und Prof. Matthias Edler-Golla. Es ist eine Freude, die kreative Kraft der Studierenden mitzuerleben.

Und ein ganz besonderer Dank geht natürlich an den Verlag und die Produzenten und Produzentinnen dieses Buches, die uns wie immer mit Engagement, Rat und Tat zur Seite standen: Eckard Schuster für seine Geduld und die vielen Verbesserungen beim Lektorat, Julia Hoffmann als betreuender Lektorin, Claudia Scheike als Herstellerin, Franziska Föste und Helena Friedrich, die für Pressearbeit und Veranstaltungen zuständig sind, und natürlich der Verlegerin Britta Egetemeier.

# Das Team: Inhalt und Gestaltung

Komplexe Zusammenhänge verständlich darzustellen und visuell erfahrbar zu machen, erfordert ein enges Zusammenspiel von Wissenschaft und Gestaltung. Wie bereits beim ersten Band dieser Reihe hat sich auch diesmal wieder ein interdisziplinäres Team zusammengefunden, um dem zentralen und zukunftsweisenden Thema des Energieverbrauchs eine klare und zugängliche Form zu verleihen.

Christian Holler ist Professor für Ingenieurmathematik an der Fakultät für angewandte Naturwissenschaften und Mechatronik an der Hochschule München. Zuvor wurde er in experimenteller Astrophysik an der Universität Cambridge promoviert und hat später zu diesen Themen in Oxford geforscht. Seit vielen Jahren beschäftigt er sich intensiv mit erneuerbaren Energien und der gesellschaftlichen Diskussion dazu. Seit 2021 ist er zudem Professor für innovative Lehre, um den interdisziplinären Schwerpunkt Nachhaltigkeit weiter auszubauen und neue Lehrangebote zu schaffen.

Joachim Gaukel ist Mathematiker mit Stationen in Stuttgart und Darmstadt. Nach einigen Jahren in der Versicherungsbranche ist er seit über fünfzehn Jahren Professor an der Hochschule Esslingen. Neben Vorlesungen zur Mathematik hält er auch Vorlesungen über erneuerbare Energien. Ein nachhaltiger Lebensstil ist ihm schon immer ein Anliegen gewesen. Zu Hause auf dem Dach befindet sich seit Langem eine Photovoltaik- und Solarthermie-Anlage. Und für seinen Weg zur Arbeit und auch sonst so oft wie möglich nutzt er zeitlebens öffentliche Verkehrsmittel oder das Fahrrad, mit dem er jährlich über 5000 Kilometer zurücklegt.

Harald Lesch ist Professor für theoretische Astrophysik an der Ludwig-Maximilians-Universität München und einer der bekanntesten Naturwissenschaftler Deutschlands. Er vermittelt seit vielen Jahren der breiten Öffentlichkeit in populären Formaten naturwissenschaftliches Wissen. Er hat zahlreiche Bücher veröffentlicht, in denen er sich neben vielen weiteren Themen intensiv mit unserer Welt von morgen auseinandersetzt. Im ZDF moderiert er unter anderem die beliebte Sendung „Terra X Harald Lesch".

Axel Kleidon ist Physiker und Klimaforscher am Max-Planck-Institut für Biogeochemie und lehrt regelmäßig an der Friedrich-Schiller-Universität in Jena. Er erforscht, wie das Erdsystem Energie umwandelt, wo die Grenzen dieser Prozesse liegen und was dies für Klima und die Nutzung erneuerbarer Energien bedeutet. Mit thermodynamischen Konzepten entwickelt er grundlegende Abschätzungen und vermittelt seine Erkenntnisse in wissenschaftlichen Publikationen, Vorträgen und populärwissenschaftlichen Formaten einer breiten Öffentlichkeit. Mehr zu seiner Forschungstätigkeit auf earthsystem.org.

Charlotte Kelschenbach ist freiberufliche Illustratorin mit Fokus auf Editorial und Corporate Design. Außer für eigene Publikationen arbeitete sie unter anderem mit Kunden wie Faber-Castell, Vodafone und der Bundeszentrale für politische Bildung zusammen. Ihr besonderes Interesse gilt der visuellen Vermittlung komplexer Inhalte mit dem Ziel, Informationen einfach und spielerisch zugänglich zu machen. Ihre Fertigkeiten vertieft sie derzeit in einem Masterstudium mit dem Schwerpunkt Wissenschaftsillustration an der HAW Hamburg. Mehr zu ihrer Arbeit unter charlottekelschenbach.de.

Leseprobe aus:
Erneuerbare Energien –
zum Verstehen und Mitreden

Ein einfallsreich bebilderter Kompass für die Welt der erneuerbaren Energien – SPIEGEL-Bestseller und ausgezeichnet von der Stiftung Buchkunst als eines der schönsten deutschen Bücher des Jahres 2022.

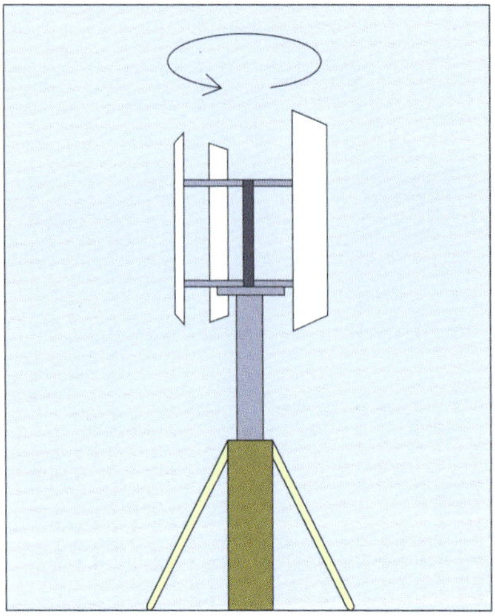

Es gibt auch Windräder mit senkrechter Achse, die nicht in Windrichtung ausgerichtet werden müssen.

**Wie effizient sind Windräder?**

Was meinen Sie: Welchen Anteil der im Wind enthaltenen Energie können solche Anlagen in Strom umwandeln? Erinnern Sie sich an die Sonnenenergie? Hier konnte ein Fotovoltaik-Modul grob 20 Prozent der ankommenden Sonnenenergie nutzen. Bei Windenergie gibt es ein theoretisches Maximum für den Wirkungsgrad, das sogenannte Betz-Limit. Das besagt, dass wir maximal 59 Prozent der Energie aus dem Wind in Strom umwandeln können. Und warum nicht 100 Prozent? Weil sich dann die Luft hinter dem Windrad gar nicht mehr bewegen würde und keine Luft von vorne nachströmen könnte.

Moderne Windräder kommen schon recht nah ans Betz-Limit heran. Sie können bis zu 50 Prozent der im Wind enthaltenen Energie, die durch die von den Flügeln überstrichenen Flächen strömt, in Strom umwandeln. Das ist beeindruckend! Interessant ist auch, dass das mit nur drei Flügeln möglich ist. Ziemlich wenig Fläche, die man da in den Wind hält. Mehr Flügel machen die Anlage aber nicht viel effizienter.

## Potenzial Windenergie

Wie viel Energie könnten wir nun mit Windkraft in ganz Deutschland generieren? Das hängt ganz davon ab, wie viele Windräder (oder ähnliche Technologien) wir an Land (onshore) oder auf dem Meer (offshore) akzeptieren wollen. Im Augenblick gibt es bei uns an Land circa 30 000 Windräder unterschiedlicher Größe, typischerweise mit 120 Metern Durchmesser und kleiner. Was denken Sie, reicht es, wenn wir alle 30 000 durch große 160-Meter-Windräder ersetzen und noch mal

10 000 Windräder hinzufügen? Rechnen wir doch einmal mit dieser Zahl. Zusätzlich wollen wir gedanklich noch 20 000 Windräder in Nord- und Ostsee installieren, wo zurzeit 1500 Anlagen stehen.

Ein einzelnes Windrad mit 160 Metern Durchmesser produziert an Land im Schnitt 40 000 Kilowattstunden pro Tag, eines auf dem Meer 80 000 Kilowattstunden, also so viel wie 40 000 oder 80 000 Fahrradfahrer. Das ist beachtlich! Damit können wir die Energie, die zur Produktion des Windrades benötigt wurde, in grob einem halben Jahr wieder einfahren und für die nächsten 20 bis 30 Jahre energetisch Gewinn machen.

## Windparkfläche

In großen Windparks dürfen die einzelnen Windräder nicht zu nah zusammenstehen, um sich nicht gegenseitig den Wind wegzunehmen. Der Abstand sollte mindestens fünfmal so groß sein wie der Durchmesser der Windräder. Wir können also für große Windparks mit vielen Windrädern die Gesamtfläche angeben, die der Windpark einnimmt (für einzelne Windräder macht so eine Flächenbetrachtung natürlich keinen Sinn). An Land produzieren rechnerisch 16 Quadratmeter eines solchen Windparks genauso viel Energie wie einer unserer Fahrradfahrer, also eine Kilowattstunde pro Tag. Auf dem Meer sind es wegen der höheren und konstanteren Windgeschwindigkeiten sogar nur acht Quadratmeter Windparkfläche. Vielleicht erinnern Sie sich: Für Fotovoltaik-Strom benötigen wir zwei Quadratmeter Modulfläche für eine Kilowattstunde pro Tag, die in Fotovoltaik-Freilandanlagen etwa vier Quadratmeter Landfläche in Anspruch nehmen. Also weniger als bei Wind, aber mit einem großen Unterschied: Bei Windparks ist der größte Teil der Fläche zwischen den Windrädern frei und zum Beispiel für Landwirtschaft nutzbar.

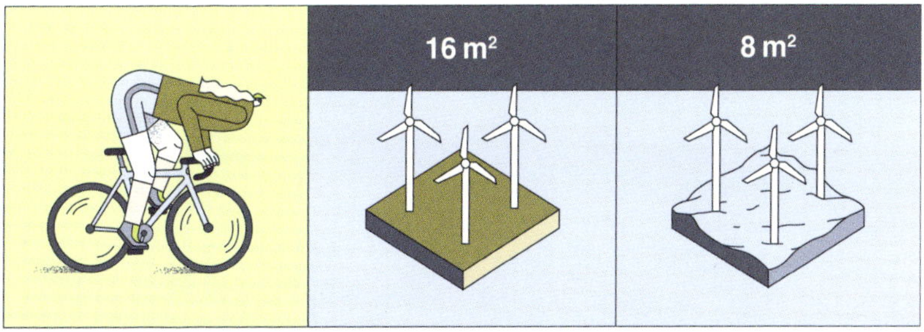


Eine Fahrradfahrerin produziert so viel Energie wie rechnerisch 8 m² Bodenfläche eines Offshore-Windparks (rechts) oder 16 m² eines Onshore-Windparks (Mitte).

Die linke graue Säule zeigt unseren Energiebedarf in Deutschland von 85 bzw. 120 kWh pro Person und Tag. Der kleinere Wert ist unser **End**energiebedarf, der größere unser **Primär**energiebedarf. Die Säule rechts daneben zeigt im Vergleich die möglichen Beiträge durch erneuerbare Energien. In diesem Kapitel kommt ein wirklich ordentlicher Beitrag aus

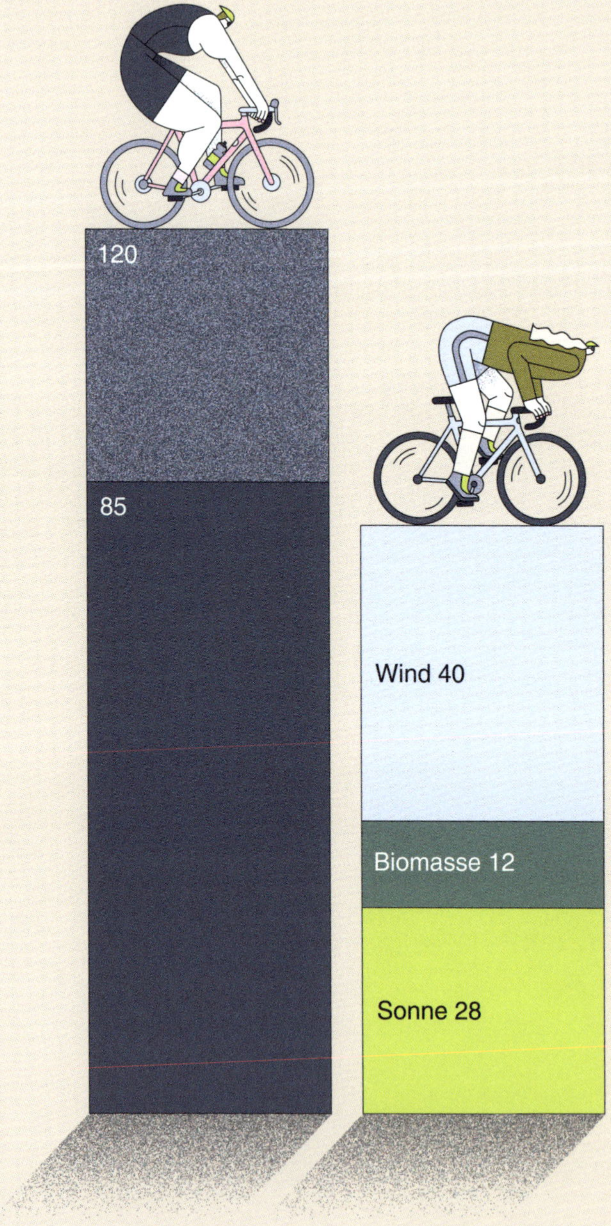

der Windkraft in Höhe von 40 kWh pro Person und Tag hinzu, jeweils zur Hälfte aus Offshore- und Onshore-Anlagen. Dazu müsste man die in der Deutschlandkarte gezeigten Flächen mit Windparks belegen. Der Flächenbedarf ist in diesem Szenario hoch, aber der Großteil davon zwischen den Windrädern ist nicht versiegelt und kann zum Beispiel für Landwirtschaft genutzt werden.

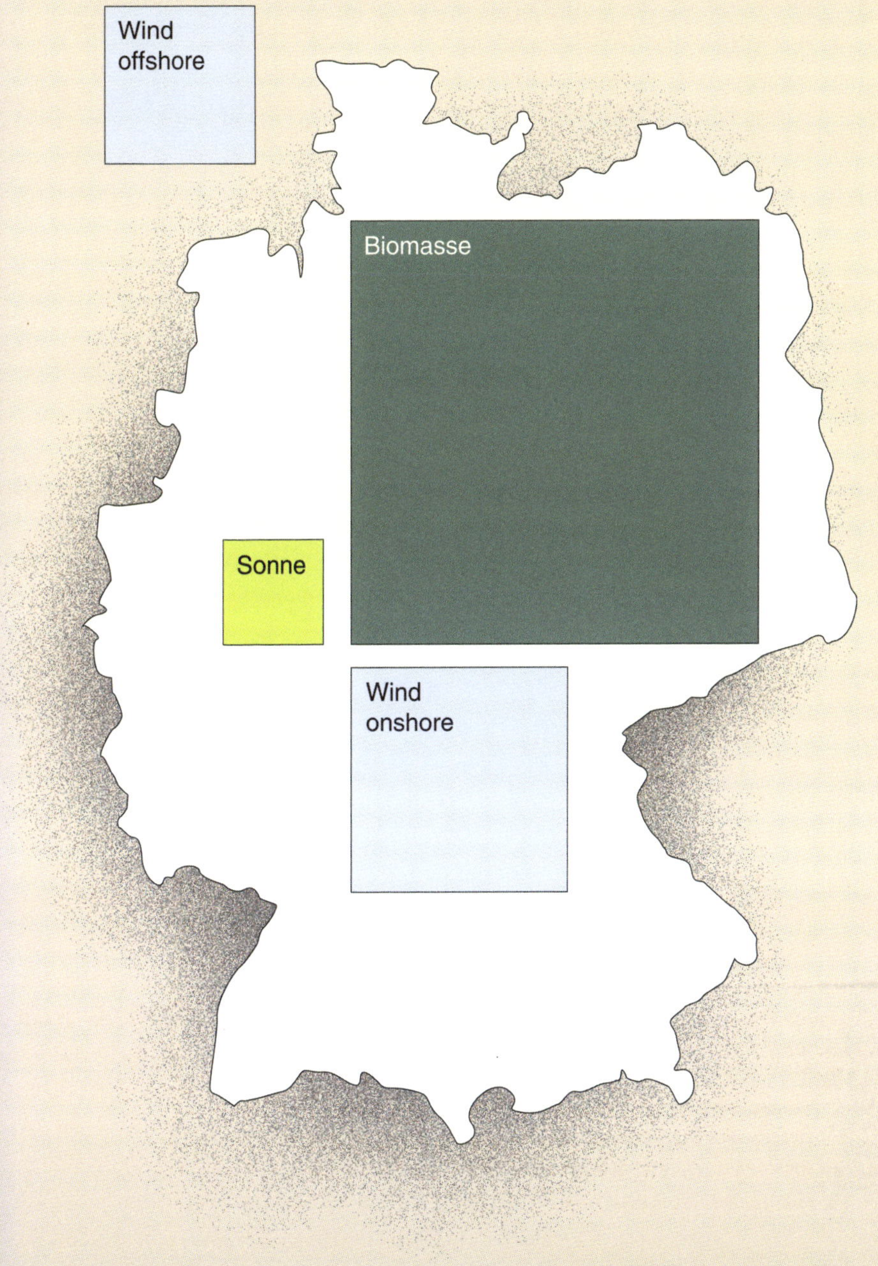